高等职业教育软件技术专业新形态教材

Python 程序设计（微课版）

主　编　杨智勇　廖　丹
副主编　陈建桥　赵　杰　赵国庆　刘　宇
主　审　万晓明

中国水利水电出版社
www.waterpub.com.cn
·北京·

内 容 提 要

本书以培养编程初学者或零编程经验的读者从学习程序设计到编写软件项目的实际过程为目标，采用“任务驱动”的方式设计整个教学过程，以程序员的真实工作场景、典型工作任务为载体组织教学单元，内容选取既突出Python的通用性，又强调Python的实用性和操作性。每个任务都包含任务描述、知识准备、任务实施、任务实训4个部分。全书共10个单元，主要内容包括认识Python、Python语法、Python函数与模块、Python文件操作和项目综合实训等。

本书可作为高职高专院校计算机类和电子类专业的教材，也可供高职高专院校理工科专业学生和广大计算机爱好者学习使用。

本书配有电子课件、习题参考答案、源代码、微课视频等教学资源，读者可以从中国水利水电出版社网站（www.waterpub.com.cn）或万水书苑网站（www.wsbookshow.com）免费下载。

图书在版编目（CIP）数据

Python程序设计 ：微课版 / 杨智勇，廖丹主编. --
北京 ：中国水利水电出版社，2020.5（2021.8重印）
高等职业教育软件技术专业新形态教材
ISBN 978-7-5170-8581-2

Ⅰ. ①P… Ⅱ. ①杨… ②廖… Ⅲ. ①软件工具－程序设计－高等职业教育－教材 Ⅳ. ①TP311.561

中国版本图书馆CIP数据核字(2020)第081824号

策划编辑：石永峰　责任编辑：周益丹　加工编辑：孙学南　封面设计：李　佳

书　名	高等职业教育软件技术专业新形态教材 Python程序设计（微课版） Python CHENGXU SHEJI（WEIKE BAN）
作　者	主　编　杨智勇　廖　丹 副主编　陈建桥　赵　杰　赵国庆　刘　宇 主　审　万晓明
出版发行	中国水利水电出版社 （北京市海淀区玉渊潭南路1号D座 100038） 网址：www.waterpub.com.cn E-mail：mchannel@263.net（万水） sales@waterpub.com.cn 电话：（010）68367658（营销中心）、82562819（万水）
经　售	全国各地新华书店和相关出版物销售网点
排　版	北京万水电子信息有限公司
印　刷	三河市铭浩彩色印装有限公司
规　格	184mm×260mm　16开本　10.25印张　224千字
版　次	2020年5月第1版　2021年8月第2次印刷
印　数	3001—6000册
定　价	32.00元

前　言

Python 是一种跨平台的面向对象程序设计语言，具有简单、易学、易扩展、免费、开源等优点，已经成为最受欢迎的程序设计语言之一，在各个领域都得到了日益广泛的应用。

本书是一本 Python 程序设计入门级教材，主要面向高等职业院校学生、应用型本科院校学生，以及 Python 程序设计爱好者。本书以培养零编程经验的读者从学习程序设计到编写软件项目为目标，采用“任务驱动”的方式设计整个教学过程，教学过程依据项目开发流程构建学习情境，以程序员的真实工作场景、典型工作任务为载体组织教学单元。全书从实际应用出发提炼了 10 个学习单元，分别为认识 Python、变量和简单数据类型、流程控制、字符串与正则表达式、组合数据类型、Python 函数与模块、Python 面向对象、异常与异常处理、Python 文件操作、项目综合实训。教材配套有完整代码、微课、课件等数字化教学资源，读者可再现教材中的所有实例。此外，还将学习过程中可能遇到的问题融入到任务和案例中，为读者解决常见的编程问题和困惑，本书是一本新形态立体式、工作手册式教材。

本书作者均来自项目研发一线，且具有丰富的教学经验，编写本书时充分考虑到教学实际情况，课前学生可微课自学，课上以项目为引导，采取任务驱动教学模式，课下教师指导学生完成合作企业的订单项目，充分实现“工学交替、学做融合”的教学过程，使学生能实际参与 Python 应用软件的开发流程并学习到软件开发规范，从而养成良好的团队协作职业素养。此外，本书涵盖 Python 编程的新技术和岗位职业能力要求与规范等内容，适应 1+X 证书制度试点工作需要，满足学校人才培养和企业人才需求的有效对接。

本书由重庆工程职业技术学院杨智勇、廖丹任主编，北京华晟经世信息技术有限公司陈建桥、重庆工程职业技术学院赵杰、云南国土资源职业学院赵国庆、重庆工程职业技术学院刘宇任副主编，重庆工业职业技术学院万晓明任主审，具体编写分工如下：杨智勇编写单元 1、单元 2、单元 5 和单元 8，廖丹编写单元 3 和单元 4，陈建桥编写单元 9 和单元 10，赵杰编写单元 6 和单元 7，赵国庆编写单元 1，刘宇编写单元 8，在本书编写过程中大数据与物联网学院也都给予了大量帮助，在本书出版过程中中国水利水电出版社给予了大力支持，在此一并表示感谢。

由于时间紧迫及编者水平有限，书中难免有不妥甚至错误之处，恳请广大读者批评指正，编者电子邮箱：zyy@cqvie.edu.cn。

编者

2020 年 4 月

目　　录

单元 1　认识 Python

单元导读

学习编程，首先需要搭建好开发环境，学会怎样创建、编译及运行最基本的应用程序。本单元首先介绍 Python 语言及其特性，然后带领大家一起搭建 Python 程序开发环境，最后介绍 PyCharm 集成开发环境的使用。

教学目标

- 了解 Python 语言特点。
- 搭建 Python 程序开发环境。
- 掌握 PyCharm 集成开发环境的使用。

任务 1　搭建 Python 开发环境

任务描述

Python 的开发和运行环境是学习 Python 的基础，那么如何搭建 Python 开发环境呢？

知识准备

1. Python 概述

认识 Python

Python 是一种面向对象的解释型程序设计语言，由荷兰人 Guido Van Rossum 于 1989 年圣诞节期间发明。

与其他语言相比，Python 功能强大、通用性强、语法简洁、可读性强，对于初学者来说，Python 更容易上手。Python 具有丰富且强大的库，开发需要的功能模块有可能已经有人写好了，只需要调用，不需要重新开发，图 1-1 形容了 Python 库的强大。

图 1-1　Python 库

Python 可应用于众多领域，如人工智能、机器学习、大数据分析、云计算开发、网络爬虫、自动化运维、自动化测试、Web 开发等。Google、YouTube、Facebook、腾讯、豆瓣、知乎等知名企业都在使用 Python 来完成各种各样的任务。

Python 语言具有以下特点：

- 免费、开源。
- 简单易学，语法简洁清晰。
- 易读、易维护。
- 具有丰富且强大的库。
- 面向对象的解释型语言。
- 可移植、可扩展。

2. Python 语言开发环境

开发环境的搭建：安装 Python 解释器

这里以 Windows 操作系统为基础，介绍如何搭建 Python 语言的开发环境。Python 目前有 Python 2 和 Python 3，Python 3 在 Python 2 的基础上进行了很大的改进和提升，两者互不兼容。本书以最新的 Python 3 为学习对象。

进入 Python 官方网站（https://www.python.org/downloads/windows/）下载安装包，本书选择稳定版 Python 3.7.4 为例。每个版本都对应多个下载选项，Python 3.7.4 的下载页面如图 1-2 所示。

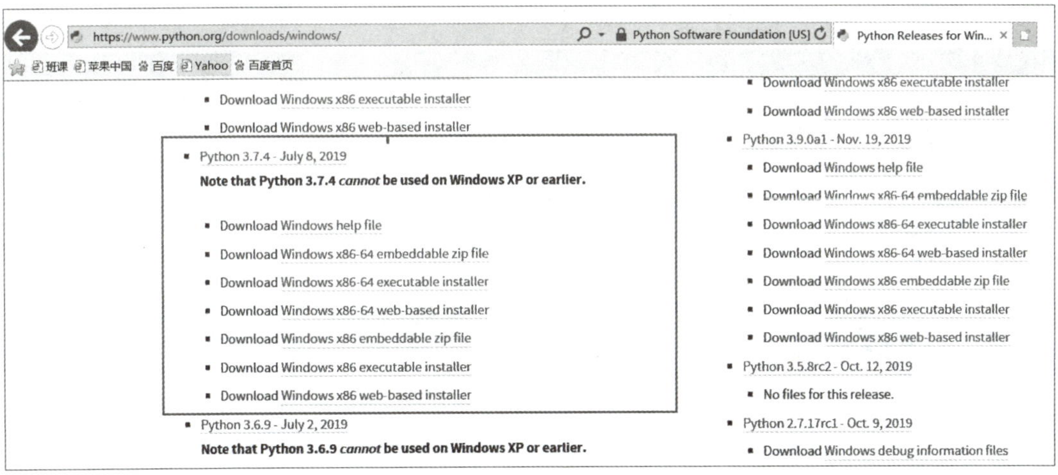

图 1-2　下载页面

- x86-64：表示 64 位计算机。
- x86：表示 32 位计算机。
- embeddable zip file：安装文件的 zip 格式压缩包，下载后需要解压缩后再进行安装。
- executable installer：可执行的安装文件，下载后直接双击开始安装。
- web-based installer：基于 Web 的安装文件，需要连网安装。

（1）这里下载的是 Windows x86-64 executable installer 可执行安装文件，下载后直接

双击此文件开始安装并根据提示执行相应操作。为了帮助读者深入了解 Python，这里选择自定义安装（Customize installation），安装时需要选中最下方的 Add Python 3.7 to PATH 复选框，将可执行文件、库文件等路径添加到环境变量中，如图 1-3 所示。

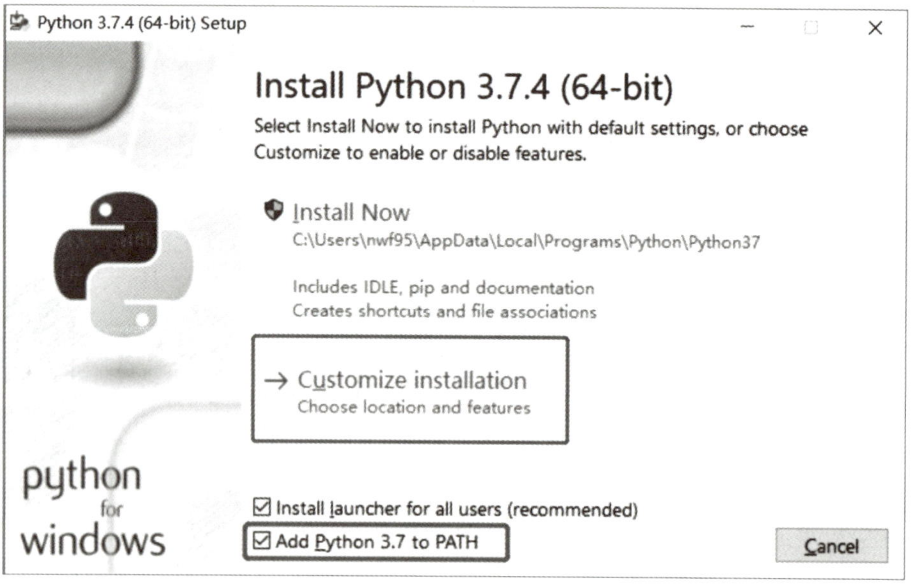

图 1-3　Python 安装向导

（2）进入 Optional Features 配置界面中，如果没有特殊需求则全选，单击 Next 按钮，如图 1-4 所示。

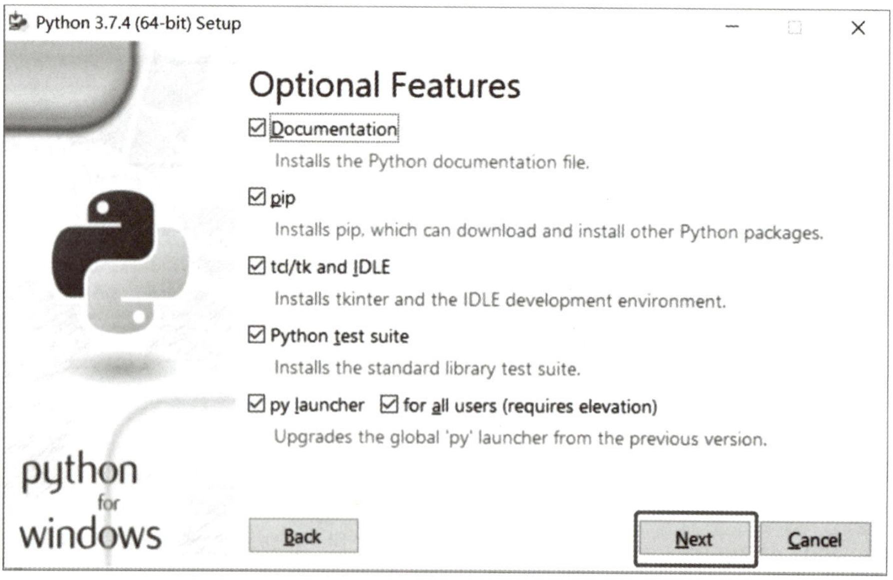

图 1-4　Optional Features 配置界面

（3）进入 Advanced Options 界面，选中 Install for all users 复选框以针对所有用户安装，

并在 Customize install location 文本框中修改安装路径为 D:\apps\Python37，单击 Install 按钮开始安装，如图 1-5 和图 1-6 所示。

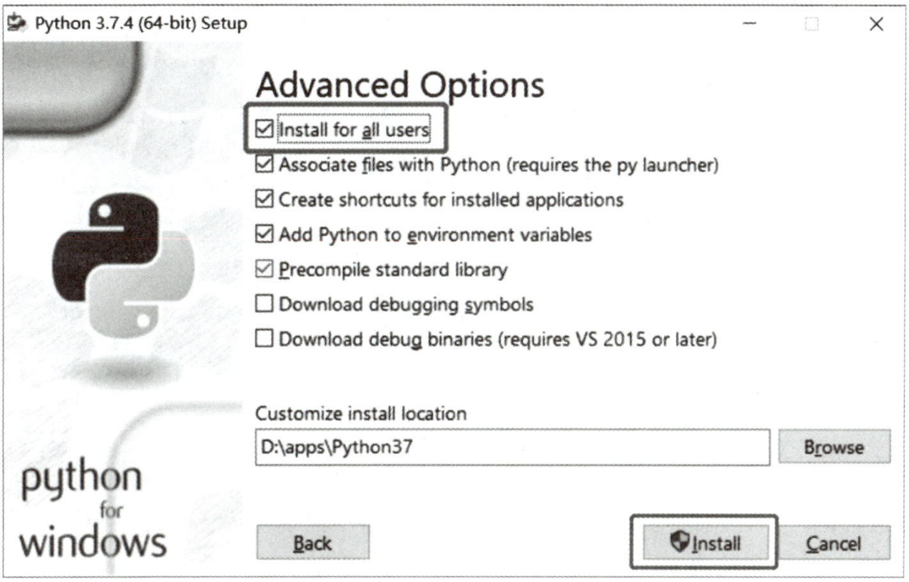

图 1-5　Advanced Options 配置界面

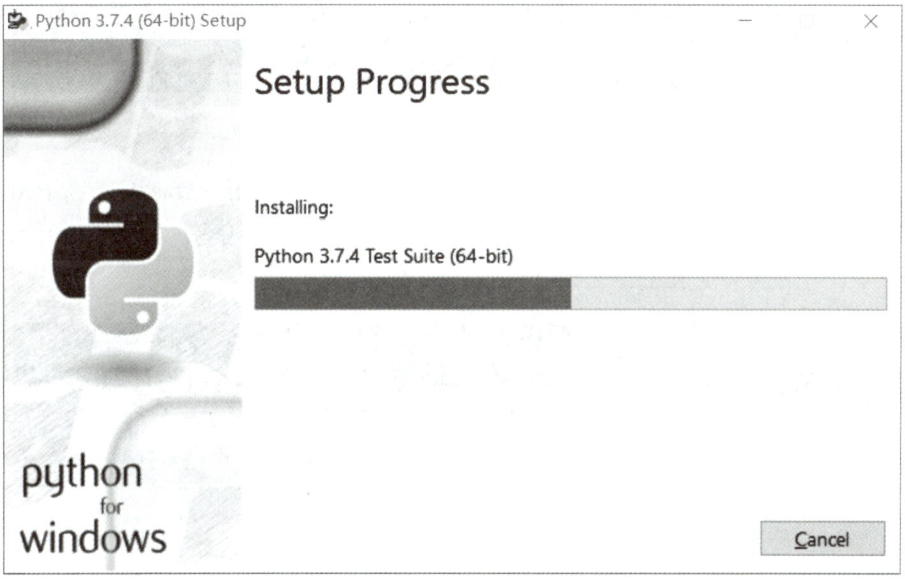

图 1-6　安装进行中

安装完成界面如图 1-7 所示。

图 1-7　安装完成界面

安装完成后，需要验证 Python 是否安装成功，检测方法为使用命令提示符。首先按 Win+R 组合键，在弹出的对话框中输入 cmd 调出命令提示符界面，然后输入 python，屏幕输出如图 1-8 所示的内容，说明 Python 3.7.4 已安装成功。

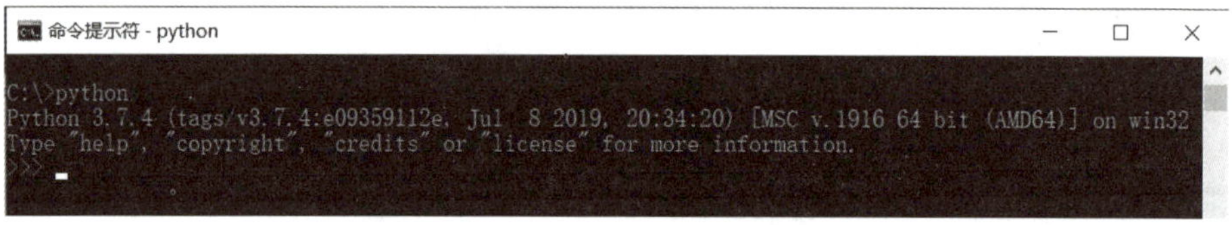

图 1-8　验证 Python 是否成功安装界面

Python 安装成功后，我们来编写第一个 Python 程序“Hello World!”。在 Python 命令行的 >>> 提示符后面可以输入程序代码，然后按 Enter 键运行代码，如图 1-9 所示。

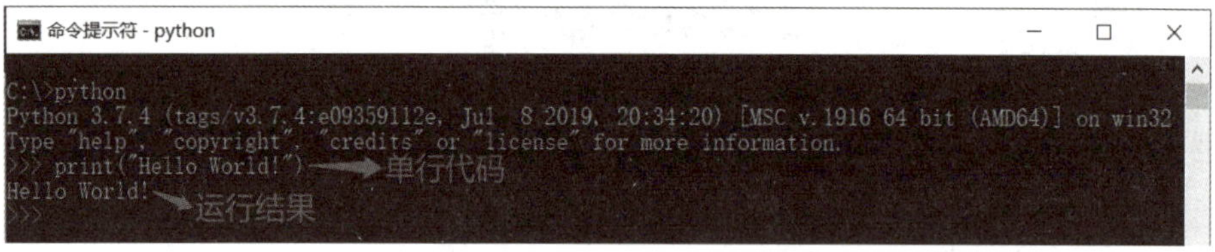

图 1-9　编写并运行“Hello World!”程序

任务实施

根据所学知识完成 Python 环境的搭建。

任务实训

【实训内容】

使用 Python 自有的集成开发和学习环境 IDLE 编写并执行 Python 程序“Hello

World!”。

【实训目的】

1. 熟悉 Python 语言环境。

2. 掌握使用 IDLE 编写、执行程序的方法。

【实训步骤】

1. 单击“开始”菜单，选择 Python 目录下的 IDLE(Python 3.7 64-bit) 选项。

2. 在 IDLE Shell 窗口中输入 print("Hello World!")。

3. 按 Enter 键运行程序。

4. 单击 Shell 窗口 File 目录下的 New File 选项打开编辑器窗口。

5. 在编辑器窗口中输入 print("Hello World!")。

6. 单击编辑器窗口 File 目录下的 Save 或 Save As 选项保存该程序。

7. 单击 Run 目录下的 Run Module 选项或者按 F5 键运行该程序。

任务 2　创建 Python 应用程序

IDLE 是 Python 自带的简洁的集成开发环境，可以方便地创建、运行、测试和调试 Python 程序，对于初学者来说已经足够。但在实际应用中，我们还需要关注项目管理、版本控制等问题，这时就需要功能更强大的集成开发环境，如 PyCharm、Eclipse（with PyDev）等。

任务描述

在 PyCharm 中创建一个项目并命名为 Python01，在该项目中创建一个包，包名为 cn.cqvie.python01.project1，在该包中再创建一个 Python 文件，命名为 welcome.py。该程序运行后输出一句话“欢迎大家使用 PyCharm”。

知识准备

1. PyCharm 安装

PyCharm 的安装和使用：工欲善其事，必先利其器

PyCharm 是 JetBrains 公司推出的 Python 集成开发环境，它带有一整套可以帮助用户在使用 Python 语言开发时提高效率的工具，比如友好的用户界面、调试、语法高亮、项目管理、代码跳转、智能提示、自动完成、单元测试和版本控制等。

（1）登录 JetBrains 官方网站（https://www.jetbrains.com/pycharm/download/#section=windows），下载免费的 PyCharm 社区版（Community），如图 1-10 所示。PyCharm 社区版是免费提供给使用者学习 Python 的版本，其功能基本可以满足用户的需求。如需使用更多的功能，可购买 PyCharm 专业版（Professional）。

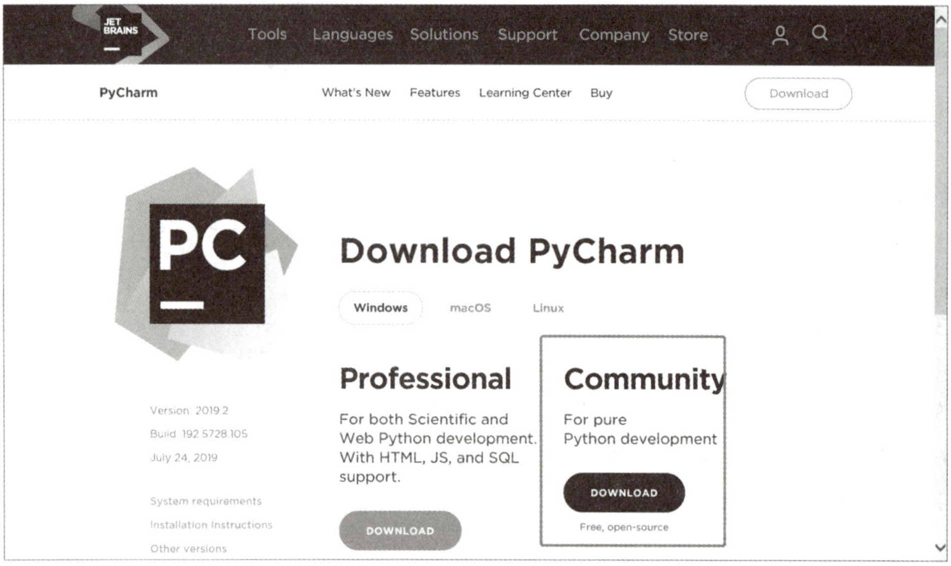

图 1-10　PyCharm 下载页面

（2）下载完成后，双击安装文件进入安装向导，如图 1-11 所示。

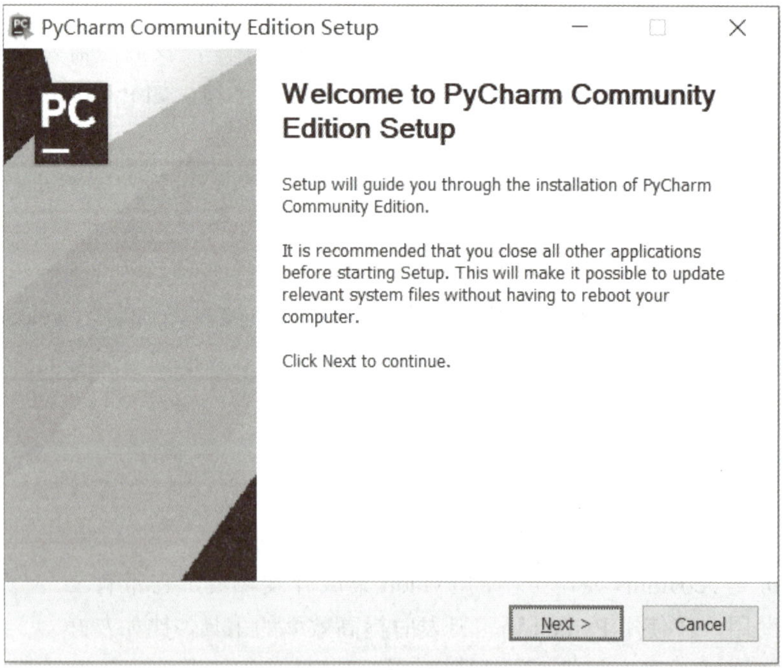

图 1-11　安装向导

（3）单击 Next 按钮进入选择安装路径（Choose Install Location）界面，可以修改安装路径，如图 1-12 所示。

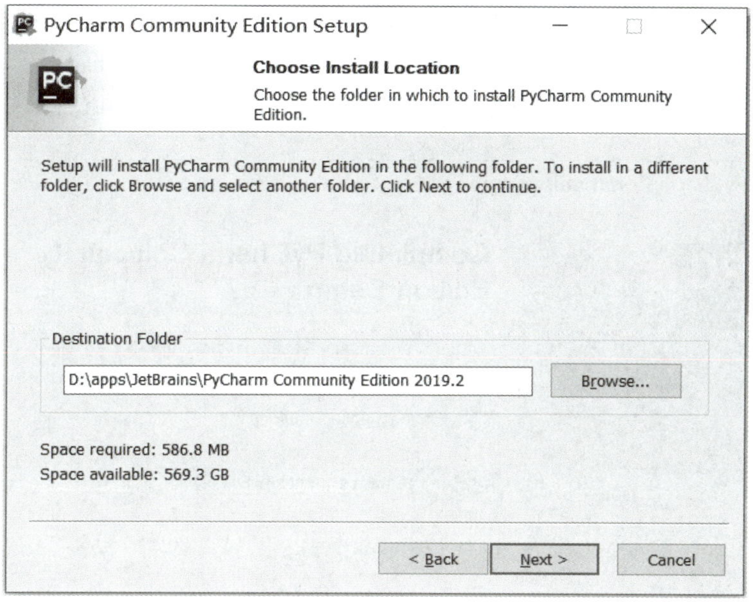

图 1-12　选择安装路径

（4）单击 Next 按钮进入安装选项（Installation Options）配置界面，选择创建桌面快捷方式（Create Desktop Shortcut）和创建文件关联（Create Associations）复选框，如图 1-13 所示。

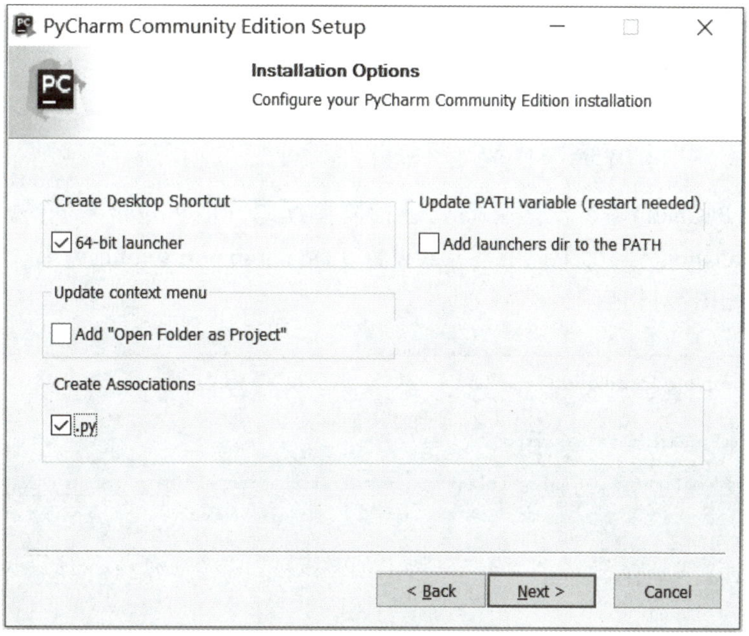

图 1-13　安装选项

（5）单击 Next 按钮，进入选择开始菜单文件夹（Choose Start Menu Folder）界面，这里使用默认值。

（6）单击 Install 按钮开始安装。

（7）安装完成进入如图 1-14 所示的界面，勾选运行 PyCharm 社区版本（Run PyCharm Community Edition）复选框，单击 Finish 按钮，完成安装并运行 PyCharm。

图 1-14　安装完成并运行 PyCharm

2. 使用 PyCharm 编写代码

（1）运行 PyCharm，首次运行需要进行简单配置。由于是全新安装，在完成安装（Complete Installation）界面中选中不导入设置（Do not import settings）单选按钮，然后单击 OK 按钮，如图 1-15 所示。

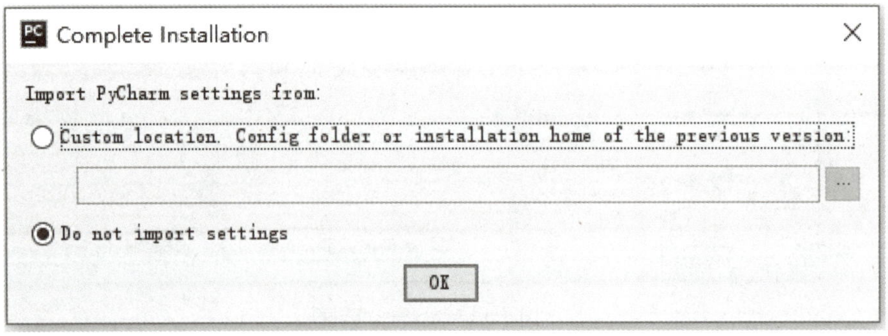

图 1-15　导入 PyCharm 设置

（2）在 JetBrains Privacy Policy 界面中勾选 I confirm that…复选框，表示已阅读并接受

用户协议，如图 1-16 所示，然后单击 Continue 按钮进入启动界面。

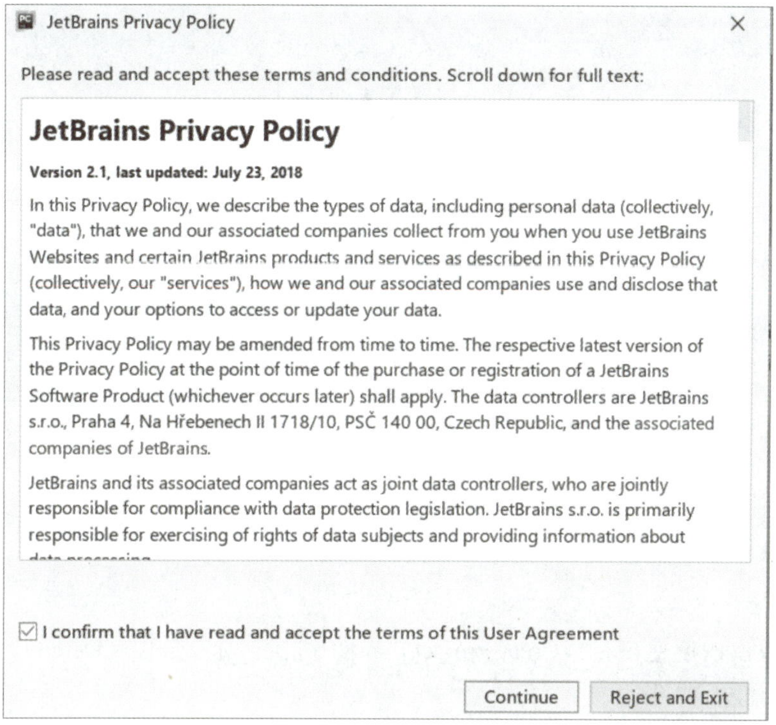

图 1-16　用户协议

启动界面如图 1-17 所示，完成加载后即可进入 PyCharm 欢迎界面。

图 1-17　启动界面

（3）在欢迎界面中单击创建新项目（Create New Project）按钮，如图 1-18 所示。

图 1-18　欢迎界面

（4）在弹出的创建项目（Creat Project）界面中指定项目名称（Demo）和项目路径，如图 1-19 所示。

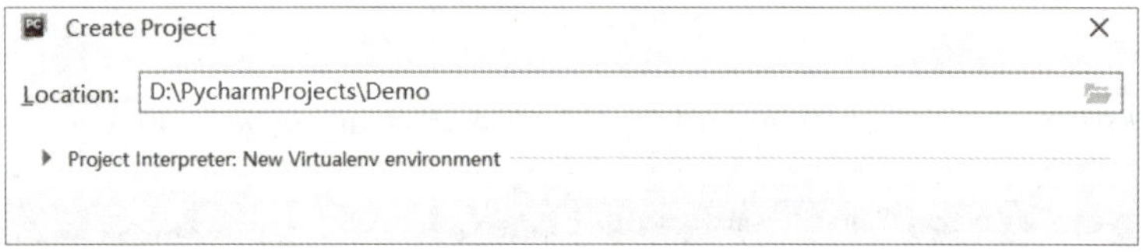

图 1-19　新建项目

（5）单击 Create 按钮完成项目的创建，进入主界面，如图 1-20 所示。

图 1-20　主界面

（6）在项目结构区中右击项目名称 Demo，在弹出的快捷菜单中选择 New → Python File 选项，如图 1-21 所示。该界面上也可以选择新建包、新建目录或其他文件。

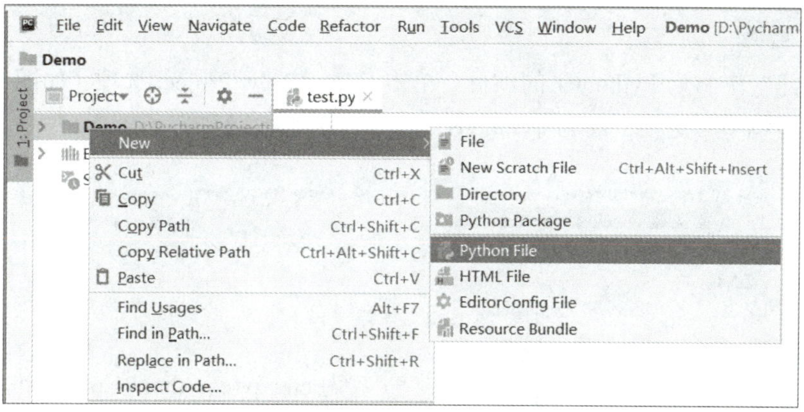

图 1-21 创建文件

（7）在弹出的 New Python file 窗口中输入文件名并双击文件类型 Python file，如图 1-22 所示。

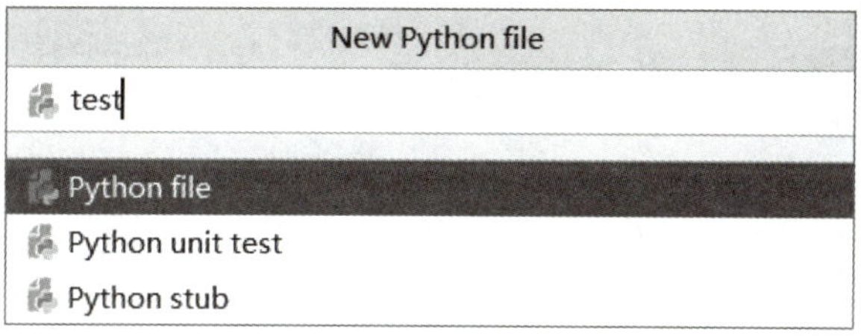

图 1-22 为新文件命名

（8）在代码编辑区中输入 print("Hello World!")，按 Ctrl+Shift+F10 组合键运行程序，如图 1-23 所示。

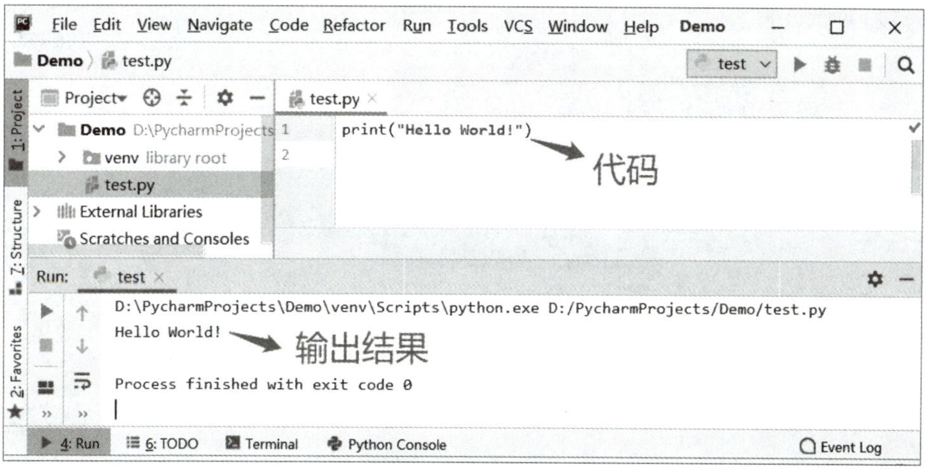

图 1-23 运行结果

运行程序也可以选择 Run → Run 'test' 选项，或者右击 test.py，在弹出的快捷菜单中选择 Run 'test' 选项。

任务实施

（1）创建一个名为 Python01 的项目。单击 File → New Project 选项（如图 1-24 所示），在弹出的对话框中指定项目名为 Python01。

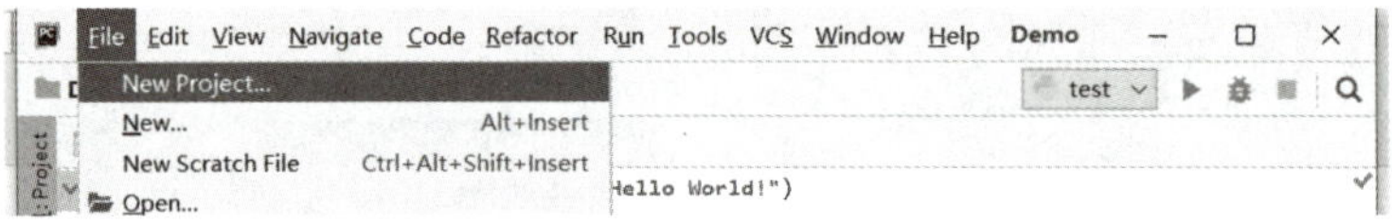

图 1-24　新建项目

（2）在 Python01 项目中创建一个包，命名为 cn.cqvie.python01.project1。右击项目 Python01，在弹出的快捷菜单中选择 New → Python Package 选项，如图 1-25 所示，在弹出的新建包对话框中指定包名为 cn.cqvie.python01.project1。

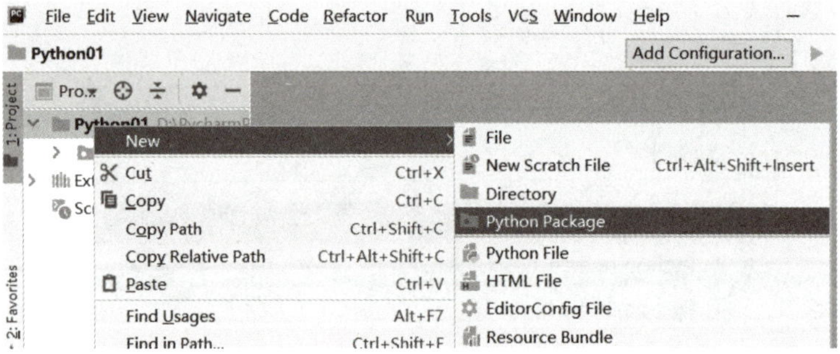

图 1-25　新建包

（3）在该包中新建一个名为 welcome 的 Python 文件。右击包 project1，在弹出的快捷菜单中选择 New → Python File 选项，如图 1-26 所示。在弹出的对话框中指定 Python 文件的名称为 welcome。

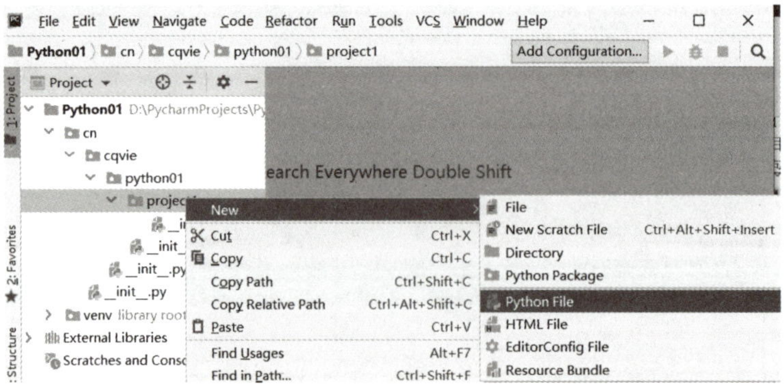

图 1-26　新建 Python 文件

（4）在 welcome.py 中编写打印语句。

```
print(" 欢迎大家使用 PyCharm")
```

（5）运行程序，结果如图 1-27 所示。

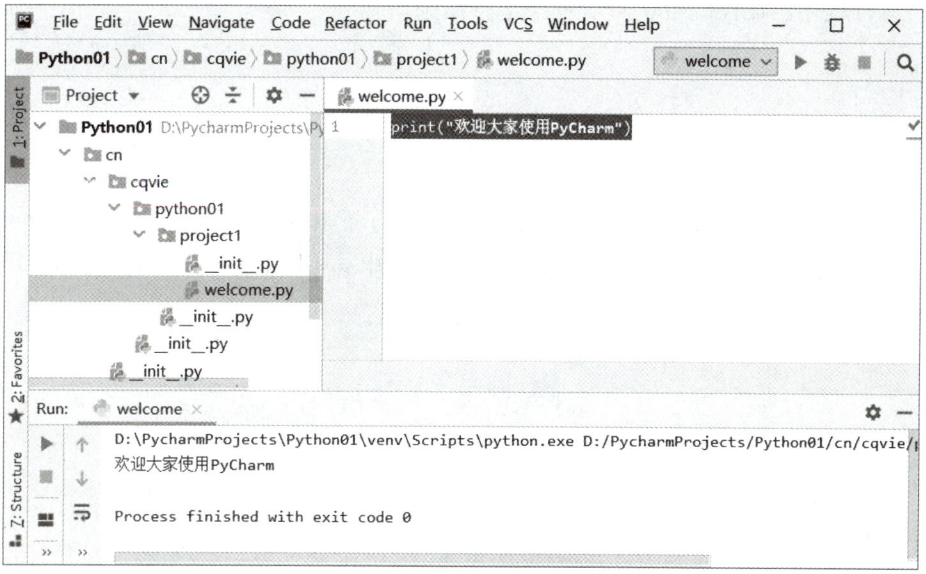

图 1-27　运行结果

任务实训

【实训内容】

在 PyCharm 中新建项目，实现打印输出节日贺卡的功能，如图 1-28 所示。

```
--*--*--*--*--*--*--*--*
   节  日  祝  福
李老师:
      祝您 春节 快乐!
                  李雷
--*--*--*--*--*--*--*--*
```

图 1-28　项目效果

【实训目的】

1．熟悉 PyCharm 界面的各区域。

2．掌握在 PyCharm 中创建项目、包、文件的基本操作。

3．掌握在 PyCharm 中编辑代码、运行程序的基本操作。

【实训步骤】

1．打开 PyCharm，单击 File → New Project 选项创建项目。

2．在项目结构区中右击项目名，在弹出的快捷菜单中选择 New → Python File 选项创建 Python 文件。

3．在代码编辑区中编写代码。

4．运行程序，在控制台中查看程序运行结果。

单元小结

本单元简要介绍了 Python、Python 的应用场景和特点，重点介绍了 Python 在 Windows 操作系统上安装的方法，以及 Python 集成开发环境 PyCharm 的安装和使用。

思考与练习

一、填空题

1．Python 是一种 ________ 程序设计语言。

2．Python 3.x 自带的官方集成开发环境是 ________。

3．Python 程序源文件的扩展名是 ________。

二、简答题

1．列举 3 个常用的 Python 集成开发环境。

2．简述 Python 语言的特性。

单元 2　变量和简单数据类型

单元导读

在对 Python 的特点、开发环境有了一定了解后，接下来我们介绍 Python 程序语言的基本知识：数据类型、变量和常量的定义、数据类型之间的转换方法、运算符及表达式的应用等。Python 程序编码就要遵循 Python 的编码规范 PEP 8，养成良好的编码习惯，提高代码的可读性及可维护性，这样有利于团队协作开发，进而提高程序的执行效率。本单元主要介绍 Python 编码规范及基础知识。

教学目标

- 掌握 Python 的命名及注释规则。
- 掌握变量的定义及使用方法。
- 掌握 Python 的基本数据类型。
- 掌握数据类型的转换方法。
- 掌握运算符及表达式的应用。

任务 1　初识 Python 程序

小明到银行存款，当了解银行的当前利率后，想通过编程来实现存款到期后自动计算利息和总金额，即通过输入本金、利率、存款年限后程序实现利息、总金额的自动计算和显示。

任务描述

给定银行存款年利率，键盘输入变量存款数额和存款年限，程序计算和显示存款到期后的本金和利息合计金额。为方便其他程序员理解，需要给每行代码添加注释。

知识准备

Python 编码规范

1. Python 代码风格

Python 编程风格包含变量命名、参数说明、代码及文档编排、代码注释等，如图 2-1 所示。这种风格约束可以使不同的程序员编写出风格类似的代码，便于在程序员之间交流，也可以增加代码的可读性。

代码风格
- 缩进
- 命名
- 空格
- 编排

图 2-1　Python 常见代码风格

（1）关于 Python 代码缩进。

在 Python 中，代码行首的空白称为缩进。通常地，Python 用 4 个空格缩进代码。Python 的缩进是一个很好的优点，初学者应该掌握。Python 在设计之初就规定使用缩进而不是用 {} 来表示代码块。需要注意的是，Python 中错误的缩进会引发程序编译错误。关于缩进最有效的建议就是绝对不要使用 Tab 键，也不要将 Tab 键和空格键混用，因为这会导致代码在不同平台无法正常工作。

（2）关于 Python 中的命名规则。

1）尽量避免使用小写字母 l、大写字母 O、大写字母 I 等易混淆的字母。

2）模块命名尽量短小且全部使用小写字母，可以使用下划线。

3）包命名尽量短小且全部使用小写字母，不可以使用下划线。

4）类的命名使用单词首字母大写的形式，如 MyTest；模块内部使用的类采用下划线加单词首字母大写的方式，如 _MyTest。

5）常量命名全部使用大写字母，可以使用下划线，例如 PI=3.14159。

6）函数命名全部使用小写字母，可以使用下划线。

7）异常命名使用常规类名加 Error 后缀的形式，如 MyTestError。

（3）关于代码的编排。

1）每行代码的最大长度为 79 个字符，换行可以使用反斜杠 \，但最好使用圆括号。换行点要在操作符的后边按 Enter 键。

2）类和 top-level 函数定义之间空两行；类中的方法定义空一行；函数内逻辑无关的段落之间空一行；其他地方尽量不要空行。

3）一个函数不要超过 30 行，即可显示在一个屏幕内，可以不使用垂直游标就可以看到整个函数。

4）一个类不要超过 200 行代码，不要超过 10 个方法，一个模块不要超过 500 行。

（4）关于空格的使用。

尽量避免使用不必要的空格。右括号前不要加空格；函数左括号前不要加空格，如 Func(1)；序列的左括号前不要加空格，如 list[2]；逗号、冒号、分号前不要加空格。

操作符（=、+=、-=、==、<、>、!=、<=、>=、in、not in、is、is not、and、or、not）左右各加一个空格，但不要为了对齐而增加空格。如果操作符有优先级的区别，可考虑在低优先级的操作符两边增加空格，如 hypot2 = x*x + y*y 等式中加法运算具有低优先级，加号两边增加空格；c = (a+b) * (a-b) 等式中乘法具有低优先级，乘号两边增加空格。

if、for、while 语句中，即使执行语句只有一句，也必须另起一行。

2. 变量

简单地说，变量是存储在计算机内存中的值，是编程中最基本的存储单位。这就意味着在创建变量时会在内存中开辟一个空间，暂时性地存储放进去的东西。Python 中的变量是没有数据类型的，同一个变量可以存储任何数据。

（1）变量赋值。

Python 中的变量赋值不需要类型声明。每个变量都在内存中创建，包括变量的标识、名称和数据等信息。每个变量在使用前都必须赋值，变量赋值以后，该变量才会被创建。等号（=）用来给变量赋值，即“变量名”=“变量值”。例如：

```
#!/usr/bin/python
# -*- coding: UTF-8 -*-
counter = 100          # 赋值整型变量
miles = 1000.0         # 浮点型
name = "John"          # 字符串
print counter
print miles
print name
```

以上实例中的 100、1000.0 和 "John" 分别赋值给 counter、miles、name 变量。

执行以上程序会输出如下结果：

```
100
1000.0
John
```

（2）多个变量赋值。

Python 允许同时为多个变量赋值，例如：

```
a = b = c = 1
```

以上实例创建一个整型对象，值为 1，3 个变量被分配到相同的内存空间上。

也可以为多个对象指定多个变量，例如：

```
a, b, c = 1, 2, "john"
```

以上实例，两个整型对象 1 和 2 分别分配给变量 a 和 b，字符串对象 "john" 分配给变量 c。

3. Python 注释语句

注释是程序设计中最常用的功能之一，Python 中的注释分为单行注释和多行注释。

（1）单行注释。

Python 中的单行注释以 # 开头，例如：

```
# 这是一个注释
print("Hello, World!")
```

（2）多行注释。

多行注释用 3 个单引号 ''' 或者 3 个双引号 """ 将注释括起来，例如：

```
#!/usr/bin/python3
'''
这是多行注释，用 3 个单引号
这是多行注释，用 3 个单引号
这是多行注释，用 3 个单引号
'''
print("Hello, World!")
```

或者

```
#!/usr/bin/python3
"""
这是多行注释，用 3 个双引号
这是多行注释，用 3 个双引号
这是多行注释，用 3 个双引号
"""
print("Hello, World!")
```

任务实施

根据给定银行存款年利率，自定义变量存款金额和存款年限，通过 Python 编程实现存款到期后利息、合计金额的自动计算。

分析：银行存款年利率、存款数额、存款年限等变量可自主定义，再根据公式计算合计金额。

在 PyCharm 中新建一个 Python 文件并命名为 StudentInfo，在此文件中编写以下 Python 代码：

```
money = 200000
year = 10
interest = 0.0035
total = money + money * interest * year
print("Total=" % total)
```

任务实训

【实训内容】

在上述任务实施的基础上，实现键盘输入变量存款金额和存款年限，计算存款到期后的本息合计金额。为方便其他程序员理解，需要给每行代码添加注释。

【实训目的】

1．掌握变量的定义。

2．初步掌握运算符和表达式的使用。

3．掌握注释的方法。

4．掌握键盘输入的实现方法。

【实训步骤】

1．启动 PyCharm，创建新的 Python 文件。

2．在 Python 文件中定义变量。

3．使用 input 函数接收控制台输入的数据。

4．使用 round() 函数控制小数位数。

5．使用 print() 函数打印值。

6．通过按组合键 Shift+F10，或者右击“文件名”，在弹出的快捷菜单中选择 Run 试运行该程序，查看运行结果是否和预想的一致。

任务 2　Python 数据类型

我们在大型超市购物时，由于购买商品较多，往往需要使用购物车来装载商品，等到所有商品挑选完成后才去收银台进行结账。与其类似，程序中如果我们要对多个数据进行复杂操作，首先需要将数据进行存储，然后再对这些数据进行操作。

数据类型

在 Python 中，如果要存储数据，需要使用变量。可以将变量理解为商品购物车，它的类型和值在赋值时被初始化。

任务描述

通过编程实现从控制台接收新生入学报到的信息，并对学生信息进行统计，将统计报表打印出来。学生信息包括：姓名、学号、年龄、寝室号、身份证号、学费、住宿费、总缴纳费用等。

知识准备

1. 数据类型

（1）什么是数据？

在计算机科学中，数据是指所有能输入到计算机并被计算机程序处理的符号的总称，如数字字母、符号和模拟量等。

（2）为什么要对数据进行分类？

在 Python 实际应用中，许多数据并不完全相同，有各自的特点，这就需要将它们划分成不同的数据类型。例如交通工具要分为汽车、飞机、轮船，适用于不同的地方，我们可以根据不同的需要选择不同的类型。

（3）数据类型有哪些？

数据类型用于对数据归类，方便理解和操作。Python 中的变量不需要声明，每个变量在使用前都必须赋值，变量赋值以后，该变量才会被创建。在 Python 中，变量就是变量，它没有类型，我们所说的“类型”是变量所指的内存中对象的类型。

数据类型是每一种语言的基础，就比如说一支笔，它的墨有可能是红色，有可能是黑色，也有可能是黄色，不同的颜色会被人用在不同的场景中。Python 中的数据类型也如此，比如说我们要描述一个人的年龄：小张今年 18 岁，18 就是一个整数，那么在 Python 语言里，我们将它定义为一个整型。

Python 3 有 6 个标准的数据类型，如图 2-2 所示。

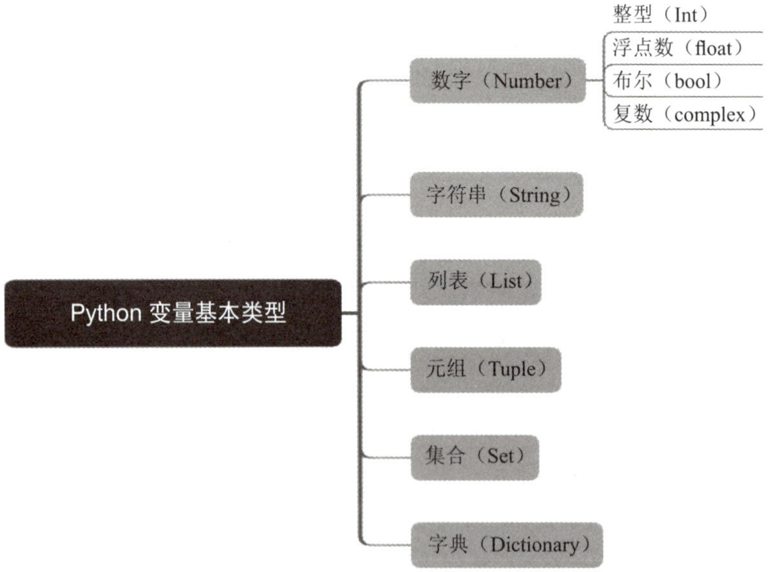

图 2-2　Python 变量基本类型

1）数字类型。Python 3 中的数字类型包含整型（int）、浮点数（float）、布尔（bool）、复数（complex）。

- 整型：通常称为整数，是正数或者负数，不带小数点。Python 3 整型类型没有大小限制。计算机由于使用二进制，所以有时用十六进制表示整数比较方便，十六进制用 0x 前缀和 0 ～ 9 十个数字、a ～ f 六个字母表示。整型值的表示方式如表 2-1 所示。

表 2-1　整型值的表示方式

表示方式	值
十进制	10、20、000、400、-5000、9999999999
八进制	格式：0o 开头（数字零，英文字母 o），后跟 0 ～ 7 例如：0o177（十进制：127），0o11（十进制：9）
十六进制	格式：0x 开头（数字零，英文字母 x），后跟 0 ～ 9、a ～ f 或 A ～ F（a=10，f=15） 例如：0x11（十进制：17）
二进制	格式：0b 开头（数字 0，英文字母 b），后跟 0 ～ 1 例如：0b1010（十进制：10）

- 浮点数：浮点型由整数部分和小数部分组成。对于很大或很小的浮点数必须用科学记数法表示。浮点数的表示方式如表 2-2 所示。

表 2-2　浮点数的表示方式

表示方式	值
小数形式	3.141523、-56.12
科学记数法	格式：小数 e/E（正负号）指数 例如：6.18E-1 = 0.618、2.9979e8 = 299790000

- 布尔：一个布尔值只有 True 和 False 两种值。在 Python 中，可以直接用 True、False 表示布尔值（请注意大小写）。需要注意的是，在 Python 中，bool 是 int 的子类（继承 int），故 True==1，False==0 是会返回 True 的；bool(...) 里面的参数如果是 None、""、()、[]、{}、0 中的任意一个，返回值是 Fasle。布尔值的表示方式如表 2-3 所示。

表 2-3　布尔值的表示方式

表示方式	值
True	表示真，值为 1，满足条件或者条件成立 例如：True、1、3 > 2、True or False、1 == 1
False	表示假，值为 0，条件不满足或者不成立 例如：False、0、7 < 3、1 == 3、None、{}

- 复数：复数由实数部分和虚数部分构成，可以用 a + bj 或者 complex(a,b) 表示，复数的实部 a 和虚部 b 都是浮点型。复数的表示方式如表 2-4 所示。

表 2-4　复数的表示方式

表示方式	值			
复数	1j	(2j)	1+1j	(-100+100j)

2）字符串。在 Python 程序中如何定义一串字符为字符串呢？

字符串是用单引号、双引号或 3 个双引号括起来的任意文本，即 ' ' 、" " 、''' '''、""" """。中间包含的部分称为字符串，同时使用反斜杠（\）转义特殊字符。注意即使单引号、双引号、3 个双引号里面写入的是数字，数据类型也是字符串，字符串是不可改变的。

字符串的表示方式如下：

```
s1 = ' '
s2 = " "
s3 = "Python"
s4 = " 你好，世界！ "
```

3）列表。列表（List）是 Python 中使用最频繁的数据类型。列表中的元素写在方括号之间并用逗号分隔开，列表中元素的类型可以不相同。

列表的表示方式如下：

```
list1 = [1,2,3,4,5]
list1 = ['P','y','t','h','o','n']
list3 = ['I', 25, 100, 'her']
```

4）元组。元组（Tuple）与列表类似，不同之处在于元组的元素不能修改。元组中的元素写在小括号里，元素之间用逗号隔开，元组中的元素类型也可以不相同。

元组的表示方式如下：

```
tuple1 = (1,2,3,4,5)
tuple2 = ('I','Love','Python')
tuple3 = ('Python',3,6,5,'is','good')
```

5）集合。集合（Set）是一个无序不重复的元素集合。基本功能是进行成员关系测试和消除重复元素。可以使用大括号或者 set() 函数创建集合，注意创建一个空集合必须用 set() 而不用 { }，因为 { } 是用来创建一个空字典的。

集合的表示方式如下：

```
student = {'Tom', 'Jim', 'Mary', 'Tom', 'Jack', 'Rose'}
```

6）字典。字典（Dictionary）是 Python 中另一个非常有用的内置数据类型。字典是一种映射类型，它是一个无序的键值对集合。关键字必须使用不可变类型，也就是说 List 和包含可变类型的 Tuple 不能作关键字。在同一个字典中，关键字还必须互不相同。

字典的表示方式如下：

```
dic = {}        # 创建空字典
tel = {'Jack':1557, 'Tom':1320, 'Rose':1886}     # 这是一个字典
```

2. 数据类型的转换

数据类型转换

有时候，我们需要对内置的数据类型进行转换，数据类型的转换只需要将数据类型作为函数名即可。表 2-5 中内置的函数可以完成数据类型之

间的转换，这些函数返回一个新的对象，表示转换的值。

表 2-5　内置转换函数

函数	描述
int(x [,base])	将 x 转换为一个整数
float(x)	将 x 转换到一个浮点数
complex(real [,imag])	创建一个复数
str(x)	将对象 x 转换为字符串
repr(x)	将对象 x 转换为表达式字符串
eval(str)	用来计算在字符串中的有效 Python 表达式并返回一个对象
tuple(s)	将序列 s 转换为一个元组
list(s)	将序列 s 转换为一个列表
set(s)	将 s 转换为可变集合
dict(d)	创建一个字典，d 必须是一个序列 (key,value) 元组
frozenset(s)	将 s 转换为不可变集合
chr(x)	将一个整数转换为一个字符
ord(x)	将一个字符转换为它的整数值
hex(x)	将一个整数转换为一个十六进制字符串
oct(x)	将一个整数转换为一个八进制字符串

（1）int() 函数。

描述：int() 函数用于将一个字符串或数字转换为整型。

语法：class int(x,base=10)

参数：x 为字符串或数字；base 为进制数，默认为十进制，可省略。

返回值：返回整型数据。

int() 函数示例如下：

1）print(int())　　# 不传入参数时得到结果 0

结果：0

2）print(int(3))

结果：3

3）print(int(3.6))

结果：3

4）print(int('12',16))　　# 如果带参数 base，则将 12 转为十六进制

结果：18

（2）float() 函数。

描述：float() 函数用于将整数和字符串转换成浮点数。

语法：class float([x])

参数：x 为整数或字符串。

返回值：返回浮点数。

float() 函数示例如下：

1）print(float(1))

结果：1.0

2）print(float(112))

结果：112.0

3）print(float(-123.6))

结果：-123.6

4）print(float('123'))

结果：123.0

任务实施

从控制台接收数据需要用到 Python 的标准输入函数 input()，input() 函数可以接收任意输入，并将所有输入默认为字符串进行处理，返回结果为字符串类型。对于整型的数据，需要用到 int() 函数进行转换；对于浮点型的数据，需要用到 float() 函数进行转换。提示：总缴纳费用 = 学费 + 住宿费。

学生信息对应的数据类型如表 2-6 所示。

表 2-6　学生信息对应的数据类型

学生信息	类型
姓名	string
学号	string
年龄	int
寝室号	string
身份证号	string
学费	float
住宿费	float
总缴纳费用	float

在 PyCharm 中新建一个 Python 文件并命名为 StudentInfo，在此文件中编写 Python 代码。

```
stu_name = input(" 请输入学生姓名：")
stu_num = input(" 请输入学生学号：")
stu_age = int(input(" 请输入学生年龄："))
stu_bedroom_no = input(" 请输入学生寝室号：")
stu_card_no = input(" 请输入学生身份证号：")
stu_tuition = float(input(" 请输入学生学费："))
stu_acc_fee = float(input(" 请输入学生住宿费："))
stu_total = stu_tuition + stu_acc_fee
```

```
print("********************** 学生信息 ************************")
print("            学生姓名：",stu_name)
print("            学生学号：",stu_num)
print("            学生年龄：",stu_age)
print("            学生寝室号：",stu_bedroom_no)
print("            学生身份证号：",stu_card_no)
print("            学生学费：",stu_tuition)
print("            学生住宿费：",stu_acc_fee)
print("            学生总费用：",stu_total)
print("********************** 学生信息 ************************")
```

运行结果如图 2-3 所示。

```
请输入学生姓名：张三
请输入学生学号：no000001
请输入学生年龄：18
请输入学生寝室号：NB3588
请输入学生身份证号：50021335439342342
请输入学生学费：3500
请输入学生住宿费：1300

********************** 学生信息 ************************
            学生姓名：  张三
            学生学号：  no000001
            学生年龄：  18
            学生寝室号：  NB3588
            学生身份证号：  50021335439342342
            学生学费：  3500.0
            学生住宿费：  1300.0
            学生总费用：  4800.0
********************** 学生信息 ************************
```

图 2-3　程序运行结果

任务实训

【实训内容】

编写控制台应用程序，即依次从键盘输入学生姓名，学生的语文、数学、英语科目成绩，计算该学生的平均成绩并打印（平均成绩保留两位小数），还需计算该学生语文成绩占总成绩的百分比。

【实训目的】

1．掌握使用 PyChram 编写、调试、运行程序的方法。

2．掌握变量及其数据类型的使用。

【实训步骤】

1．启动 PyCharm，创建新的 Python 文件，项目名称为 StudentScore。

2．在 StudentScore.py 文件中定义变量。

3．使用 input 函数接收控制台输入的数据。

4．使用 round() 函数控制小数位数。

5．使用 print() 函数打印值。

按组合键 Shift+F10 或者右击“文件名”，在弹出的快捷菜单中选择 Run 'StudentScore' 运行程序，查看运行结果是否和预想的一致。

任务 3　Python 表达式

任务描述

从键盘任意输入一个正确的年份，根据年历知识编写一个简单的程序，用于判断用户输入的年份是否为闰年。

知识准备

表达式是可以计算的代码段，由运算符、操作数、圆括号组成。

运算符用于在表达式中对操作数进行计算并返回结果。接收一个操作数的运算符被称为一元运算符，如正负号（+、-）；接收两个操作数的运算符被称为二元运算符，如算术加减符（+、-）等。Python 语言支持的运算符包括算术运算符、比较运算符、赋值运算符、逻辑运算符、位运算符、成员运算符等。

1．算术运算符与算术表达式

表达式：操作数遇上运算符

算术运算符与操作数构成的表达式称为算术表达式，算术运算符主要用于数字类型的数据运算，算术运算符及其说明如表 2-7 所示。

表 2-7　算术运算符及其说明

运算符	说明	表达式	结果
+	两个操作数相加	34+10	44
-	两个操作数相减	34-10	24
*	两个操作数相乘或返回重复若干次的字符串	34*10	340
/	两个操作数相除	34/10	3.4
%	取模，返回除法的余数	34%10	4
**	幂，返回 x 的 y 次幂	2**4	16
//	取整除，返回商的整数部分	34//10	3

算术运算符示例如下：

```
a = 34
b = 10
```

```
c = 0
c = a + b
print("a + b = ", c)
c = a - b
print("a - b = ", c)
c = a * b
print("a * b = ", c)
c = a / b
print("a / b = ", c)
c = a % b
print("a % b = ", c)
c = 2 ** 4
print("2 ** 4 = ", c)
c = a // b
print("a // b = ", c)
```

运行结果如图 2-4 所示。

```
a + b =  44
a - b =  24
a * b =  340
a / b =  3.4
a % b =  4
2 ** 4 =  16
a // b =  3
```

图 2-4　算术运算符示例运行结果

2．关系运算符与关系表达式

关系运算符用于比较两个操作数之间的关系，因此又名比较运算符，其运算结果是布尔值 True 或 False。关系运算符及其说明如表 2-8 所示。

表 2-8　关系运算符及其说明

运算符	说明	表达式	结果
==	比较两个操作数是否相等	5 == 2	False
!=	比较两个操作数是否不相等	5 != 2	True
>	比较左操作数是否大于右操作数	5 > 2	True
<	比较左操作数是否小于右操作数	5 < 2	False
>=	比较左操作数是否大于等于右操作数	5 >= 2	True
<=	比较左操作数是否小于等于右操作数	5 <= 2	False

比较时因数据类型不同，比较的依据也不同。

- 如果两个操作数是数据类型，则按大小比较，如 5 > 2 为 True。
- 如果两个操作数为字符型，则按照字符的 Unicode 值从左到右比较，如 "a" > "b"

为 False，因为 a 的 Unicode 值为 97，b 的 Unicode 值为 98。

关系运算符示例如下：

```
a = 5
b = 2

print("a == b 为 ", a == b)
print("a != b 为 ", a != b)
print("a > b 为 ", a > b)
print("a < b 为 ", a < b)
print("a >= b 为 ", a >= b)
print("'a'>'b' 为 ", 'a' > 'b')

if a <= b:
   print("a 小于等于 b")
else:
   print("a 大于 b")
```

运行结果如图 2-5 所示。

```
a == b 为  False
a != b 为  True
a > b 为  True
a < b 为  False
a >= b 为  True
'a'>'b' 为  False
a 大于 b
```

图 2-5　关系运算符示例运行结果

3. 逻辑运算符与逻辑表达式

逻辑运算符用于对操作数或表达式进行逻辑值的运算，主要有 and（与）、or（或）、not（非）3 种，通常作为流程控制语句的条件使用。逻辑运算符及其说明如表 2-9 所示。

表 2-9　逻辑运算符及其说明

运算符	说明	表达式	x	y	结果
and	逻辑与，当两边操作数都为 True 时结果为 True，否则结果为 False	x and y	True	True	True
			True	False	False
			False	True	False
			False	False	False

续表

运算符	说明	表达式	x	y	结果
or	逻辑或，当其中一个操作数为 True 时结果为 True，否则结果为 False	x or y	True	True	True
			True	False	True
			False	True	True
			False	False	False
not	逻辑非，当操作数为 True 时结果为 False，当操作数为 False 时结果为 True	not x	True		False
			False		True

逻辑运算符示例如下：

```
a = 0          #Python 中，False 可以是数值为 0、对象为 None、空字符等
b = 2          # 非 0 数据对象为 True

if a and b:
    print(" 与：变量 a 和 b 都为 True")
else:
    print(" 与：变量 a 和 b 有一个不为 True")

if a or b:
    print(" 或：变量 a 和 b 都为 True，或其中一个变量为 True")
else:
    print(" 或：变量 a 和 b 都不为 True")

print(" 非：变量 a 的逻辑非操作结果为 ", (not a))
```

运行结果如图 2-6 所示。

```
与：变量 a 和 b 有一个不为 True
或：变量 a 和 b 都为 True，或其中一个变量为 True
非：变量a的逻辑非操作结果为 True
```

图 2-6　逻辑运算符示例运行结果

4. 赋值运算符与赋值表达式

赋值运算符应用于赋值运算中，即给一个变量赋一个值。赋值运算符及其说明如表 2-10 所示。

表 2-10　赋值运算符及其说明

运算符	说明	表达式	等效表达式
=	直接赋值	x = y + z	x = y + z
+=	加法赋值	x + = y	x = x + y

续表

运算符	说明	表达式	等效表达式
-=	减法赋值	x -= y	x = x - y
*=	乘法赋值	x *= y	x = x * y
/=	除法赋值	x /= y	x = x / y
%=	取模赋值	x %= y	x = x % y
**=	幂赋值	x **= y	x = x ** y
//=	取整除赋值	x //= y	x = x // y

赋值运算符示例如下：

```
a = 21
b = 10
c = 0
c = a + b
print("c = {0} + {1}, c 的值为：{2}".format(a, b, c))
c += a
print("c += {0}, c 的值为：{1}".format(a, c))
c *= a
print("c *= {0}, c 的值为：{1}".format(a, c))
c /= a
print("c /= {0}, c 的值为：{1}".format(a, c))
c %= a
print("c %= {0}, c 的值为：{1}".format(a, c))
c //= a
print("c //= {0}, c 的值为：{1}".format(a, c))
```

运行结果如图 2-7 所示。

```
c = 21 + 10, c 的值为：31
c += 21, c 的值为：52
c *= 21, c 的值为：1092
c /= 21, c 的值为：52.0
c %= 21, c 的值为：10.0
c //= 21, c 的值为：0.0
```

图 2-7　赋值运算符示例运行结果

任务实施

从键盘任意输入一个正确的年份，根据年历知识编写一个简单的程序，用于判断用户输入的年份是否为闰年。

分析：满足下列条件之一的年份即为闰年。

1．年份可被 4 整除，同时不能被 100 整除。

2．年份可被 400 整除。

使用 input() 函数接收用户键盘输入，使用赋值表达式将用户输入的数值赋给一个变量 year，然后使用关系表达式及逻辑表达式判断该变量是否满足闰年的条件。代码如下：

```
# 赋值表达式
year = int(input(" 请输入一个年份: "))
# 算术表达式、关系表达式及逻辑表达式的综合使用
if (year % 4) == 0 and (year % 100) != 0 or (year % 400) == 0:
    print("{0} 是闰年 ".format(year))
else:
    print("{0} 不是闰年 ".format(year))
```

运行结果如图 2-8 所示。

```
请输入一个年份：2019
2019不是闰年
```

图 2-8　运行结果

任务实训

【实训内容】

从键盘输入学生姓名及其 3 门课程的成绩（语文、数学、英语），然后系统输出该学生的总成绩及平均分。

【实训目的】

掌握运算符及表达式的使用。

【实训步骤】

1．在 PyCharm 中新建一个 Python 文件。

2．使用 input() 函数获取用户输入信息，并将提示信息“请输入学生名字：”“请输入语文成绩：”“请输入数学成绩：”“请输入英语成绩：”输出到控制台。

3．使用 int() 函数将获取到的数据转换成相应的数据类型，并将转换后的值赋给相应的变量。

4．使用算术表达式进行总成绩及平均分的计算。

5．运行该文件。

单元小结

本单元首先介绍了 Python 语言的基础知识，包括 Python 的代码注释、变量、数据类型、数据类型之间的转换、运算符及表达式等；然后介绍了 Python 编码的规范等内容。

思考与练习

一、填空题

1．布尔值是整型的子类，用数值 1 和 0 代表常量 ________ 和 ________。

2．表达式由 ________、________ 和圆括号组成。

二、计算题

如果 a = 1、b = 2、c = 0，写出下列表达式的逻辑值：

1．a > b or a + b < c

2．not (a > b)

3．a – b < c and not c

三、编程题

输入矩形的长与宽，计算矩形的面积。

单元 3　流程控制

单元导读

通过上一单元的学习，我们可以编写简单的顺序结构程序，即程序语句自上而下依次执行。在实际项目中，需要编写复杂逻辑关系的程序，这就需要引入程序流程控制语句。程序流程控制结构分为 3 种：顺序结构、分支结构和循环结构。在本单元中将详细介绍 Python 中的条件结构语句和循环结构语句。

教学目标

- 掌握 3 种基本程序结构。
- 掌握各种流程控制语句的执行流程及基本用法。
- 学会使用流程控制语句设计基本的应用程序。

任务 1　分支语句

任务描述

根据输入的百分制考试成绩打印出相应的等级。当成绩为 90 ～ 100 时打印 A；当成绩为 80 ～ 89 时打印 B；当成绩为 70 ～ 79 时打印 C；当成绩为 60 ～ 69 时打印 D；当成绩小于 60 时打印 E；其他情况打印输入有错。

知识准备

流程控制是指在程序运行时对指令运行顺序的控制。程序流程控制结构分为 3 种：顺序结构、分支结构和循环结构。

顺序结构是程序语言中执行流程的默认结构。顺序结构流程图如图 3-1 所示，它有一个入口、一个出口，依次执行语句 1 和语句 2。

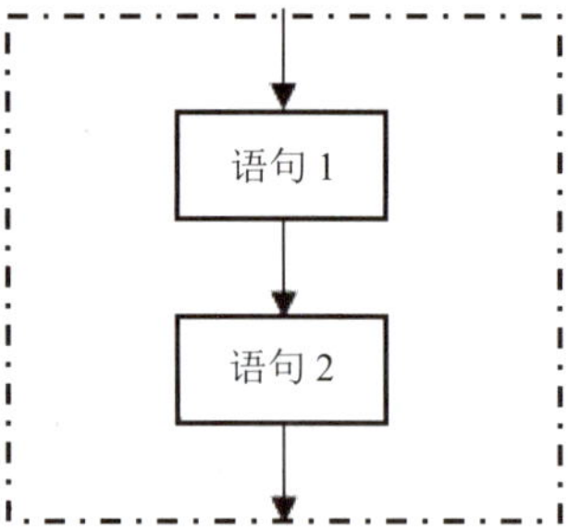

图 3-1　顺序结构流程图

实现程序分支结构的语句称为分支语句。在 Python 语言中，使用 if 语句实现分支结构。

1. 单分支语句

单双分支语句：选择无处不在

if 语句的语法格式如图 3-2 所示。

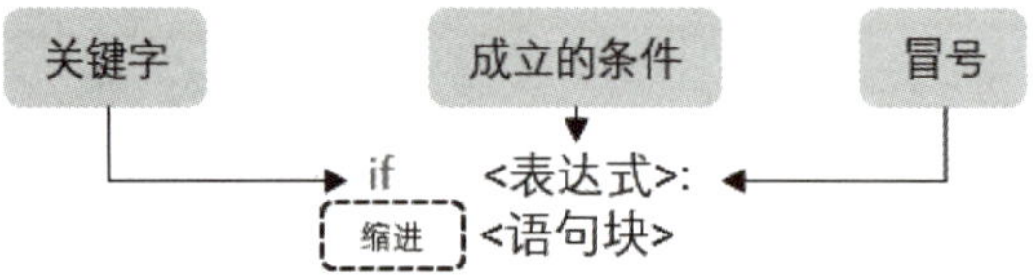

图 3-2　单分支语句语法格式

if 语句的含义是当表达式的逻辑值为 True 时，执行语句块，否则该语句块不被执行，继续执行后面的代码。使用相同缩进的语句属于同一语句块。执行单分支 if 语句的流程图如图 3-3 所示。

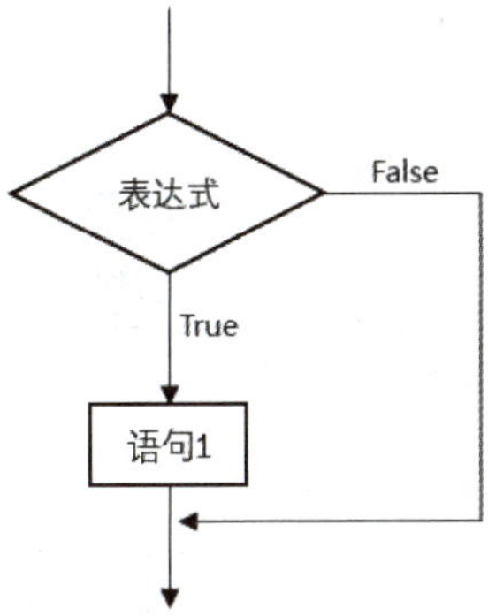

图 3-3　if 语句的流程图

例 3-1　输入两个整数 a 和 b，按从小到大的顺序输出这两个数。

分析：1. 使用 input() 函数接收数据。

2. 使用 int() 函数将输入的数据转换成 int 类型的数据。

3. 若 b > a 则将 a、b 的值进行交换，否则不交换，依次输出 a 和 b。

程序代码如下：

```
a = int(input("a = "))
b = int(input("b = "))

if a > b:
    t = a
    a = b
    b = t
print(a , b)
```

运行结果如图 3-4 所示。

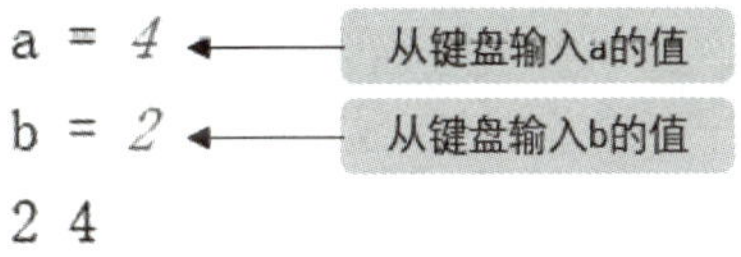

图 3-4　例 3-1 运行结果

2. 双分支语句

双分支语句由 if 和 else 两部分组成，语法格式如图 3-5 所示。

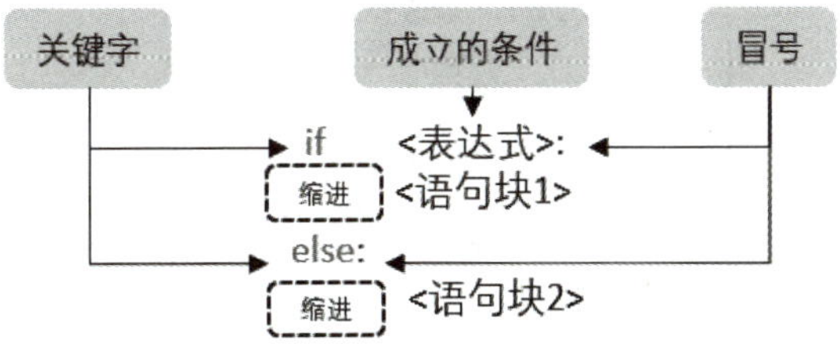

图 3-5　双分支语句的语法格式

当表达式的值为 True 时执行语句块 1，否则执行语句块 2。双分支语句流程图如图 3-6 所示。

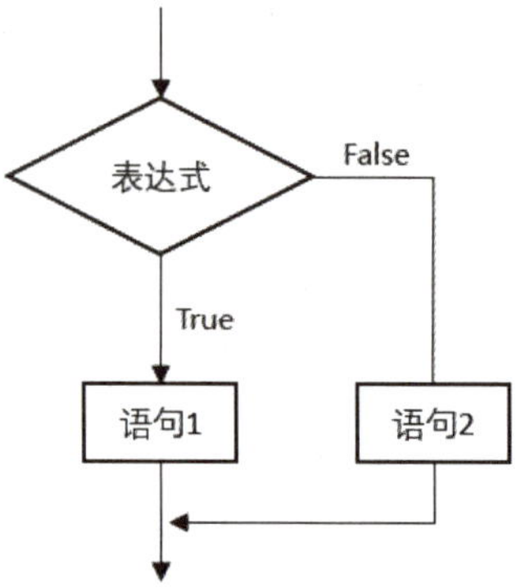

图 3-6　双分支语句流程图

例 3-2　输入一个整数，判断它是奇数还是偶数。

分析：设输入的整数是 n，n%2==0 则是偶数，否则为奇数。程序代码如下：

```
n = int(input(" 请输入一个整数："))
if n % 2 == 0:
    print(" 偶数 ")
else:
    print(" 奇数 ")
```

运行如果如图 3-7 所示。

```
请输入一个整数：12
偶数
```

图 3-7　例 3-2 的运行结果

3. 多分支语句

处理多种条件的问题就要用到多分支语句。多分支语句由 if、elif 和 else 组成，语法格式如图 3-8 所示。

多分支语句

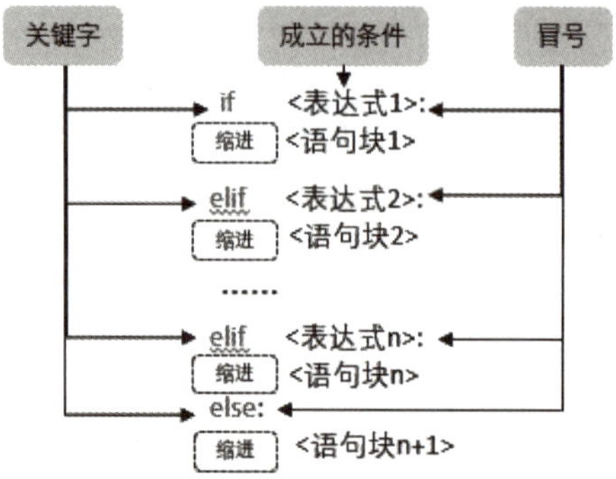

图 3-8　多分支语句的语法格式

多分支语句的作用是根据不同条件表达式的值确定执行哪个语句块，不管有多少个分支，程序执行了一个分支以后，其余分支不再执行。当多个分支中有多个表达式同时满足条件时，则只执行第一条与之匹配的语句块。其流程图如图 3-9 所示。

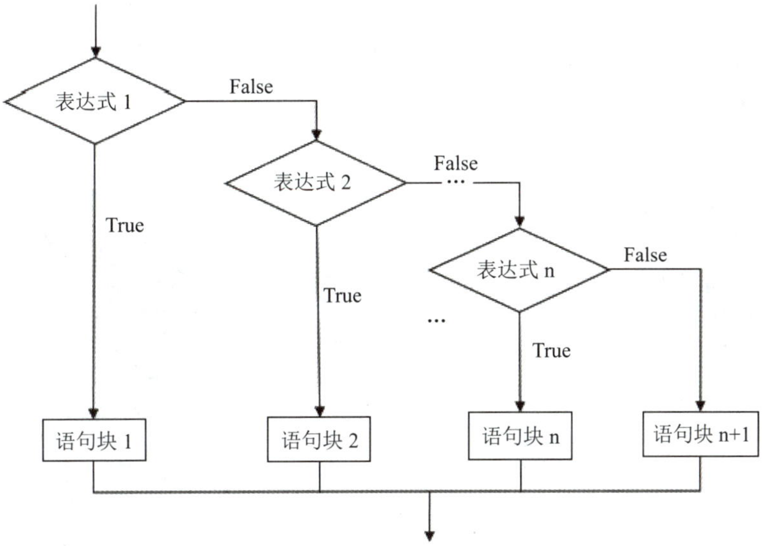

图 3-9　多分支语句流程图

例 3-3　计算分段函数的值，从键盘输入 x 的值，输出分段函数对应的 y 值。

$$y=\begin{cases}1 & x>0\\0 & x=0\\-1 & x<0\end{cases}$$

程序代码如下：

```
x = int(input(" 请输入 x 的值："))
if x > 0:
    y = 1
elif x == 0:
    y = 0
else:
    y = -1
print("y = ", y)
```

运行结果如图 3-10 所示。

```
请输入x的值：-4
y =  -1
```

图 3-10　例 3-3 的运行结果

任务实施

通过任务分析描述，可以得出以下信息：

1．输入成绩。

2．根据成绩进行判断，多种情况采用多分支处理。

3．输出结果。

程序代码如下：

```
mark = int(input(" 请输入分数："))
if (mark >= 90 and mark < 100):
    grade = "A"
elif (mark >= 80 and mark < 89):
    grade = "B"
elif (mark >= 70 and mark < 79):
    grade = "C"
elif (mark >= 60 and mark < 69):
    grade = "D"
elif (mark < 60):
    grade = "E"
else:
    grade = " 输入有误 "
print(" 等级为：", grade)
```

运行结果如图 3-11 所示。

```
请输入分数：85
等级为： B
```

图 3-11　任务运行结果

任务实训

【实训内容】

判断坐标点 (x,y) 所在的象限。从键盘输入 x、y 的值，如果 x、y 的值都大于 0，则坐标点位于第一象限；如果 x 的值小于 0，并且 y 的值大于 0，则坐标点位于第二象限；如果 x、y 的值都小于 0，则坐标点位于第三象限；如果 x 的值大于 0，并且 y 的值小于 0，则坐标点位于第四象限；如果 x，y 的值都等于 0，则位于原点；如果 x 值等于 0，则坐标点位于 y 轴；如果 y 值等于 0，则坐标点位于 x 轴。

【实训目的】

1．掌握使用 PyChram 编写、调试、运行程序的方法。

2．掌握分支语句的使用方法。

【实训步骤】

1．启动 PyCharm，新建 Python 文件并命名为 if_coordinate。

2．在 if_coordinate.py 文件中定义变量 x 和 y。

3．使用 input 函数接收控制台输入的数据并赋值给 x、y 变量。

4．使用多分支语句判断其坐标点所在象限。

5．使用 print() 函数将结果输出到控制台。

6. 通过按组合键 Shift+F10 或者右击文件名，在弹出的快捷菜单中选择 Run ' if_coordinate ' 运行程序。

任务 2 循环语句

任务描述

实现一个猜数字游戏。程序运行时产生一个随机数作为庄数，玩家输入数字，如果猜的数字大于庄数，则输出“大了”；如果猜的数字小于庄数，则输出“小了”；如果猜的数字等于庄数，则输出“猜对了”。只有 3 次猜数机会。

知识准备

循环结构就是按照给定规则重复地执行程序中的语句，实现循环结构的语句称为循环语句。Python 中有两种循环语句：while 语句和 for 语句。

1. while 语句

While 循环语句：不达目的，永不放弃

while 语句的语法格式如图 3-12 所示。

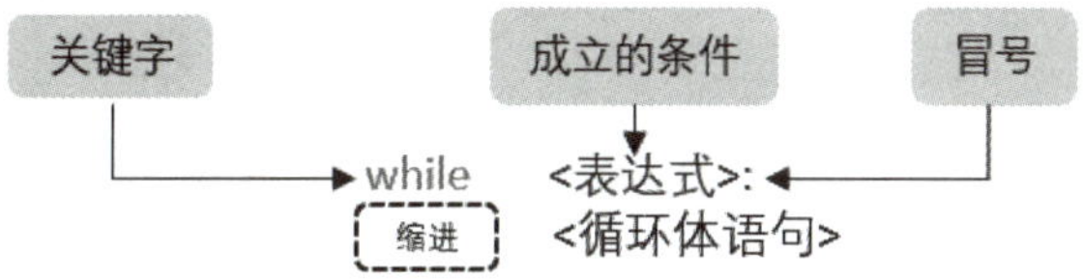

图 3-12　while 语句的语法格式

这种格式中，表达式的逻辑值用于控制循环是否继续进行。while 循环语句执行顺序：首先判断表达式的值，如果表达式为 True，则进入循环体执行语句，当到达循环体语句的结束点时跳转至 while 语句的开始位置，继而再判断表达式，直至表达式为 False 时退出循环。while 循环流程图如图 3-13 所示。

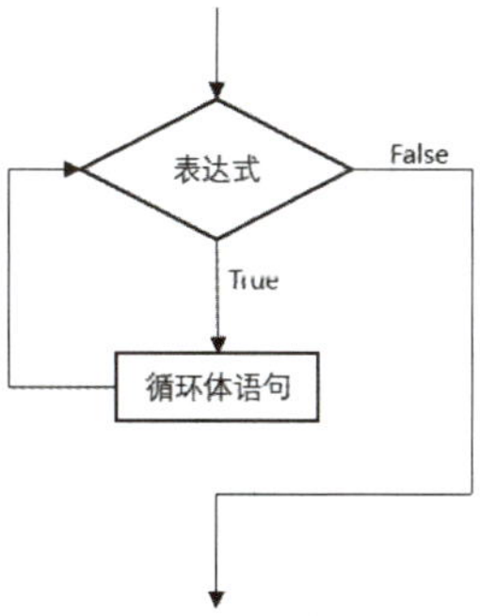

图 3-13　while 循环流程图

例 3-4　求整数 1 ～ 100 之和。

分析：利用 while 循环实现累加求和。定义两个 int 型变量，i 表示加数，初值为 1；amount 表示和，初值为 0。首先将 amount 和 i 相加并赋值给 amount，然后 i 增加 1，直到 i 大于 100 为止。

```
i = 1
amount = 0
while i <= 100:
    amount += i
    i += 1
print("1+2+…+100 = ", amount)
```

运行结果如图 3-14 所示。

```
1+2+…+100 =  5050
```

图 3-14　例 3-4 的运行结果

2. for 语句

for 语句用于遍历可迭代对象集合中的元素，其语法格式如图 3-15 所示。

for 循环语句：搬砖搬砖，我最在行

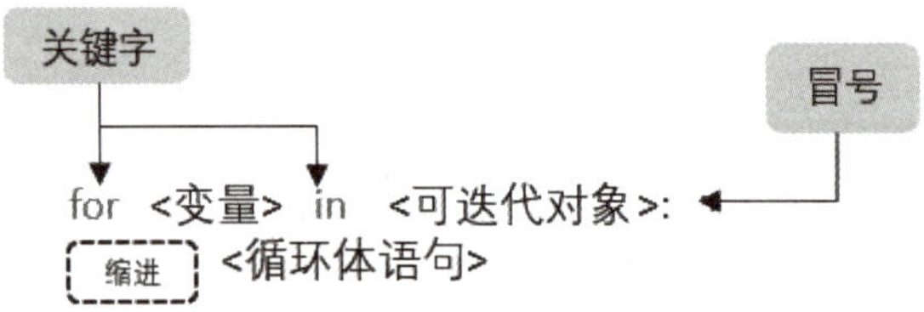

图 3-15　for 语句的语法格式

< 可迭代对象 > 可以一次返回一个元素，很多 Python 的数据类型都是可迭代对象，如字符串、列表、字典、元组等。< 变量 > 是一个可以容纳 < 可迭代对象 > 的每一个元素的变量名称，变量名可以自定义。执行顺序：< 变量 > 获取到 < 可迭代对象 > 中的每个元素，每取到一个值就执行循环体语句，然后返回再取下一个值，直到遍历完成退出循环。流程图如图 3-16 所示。

例 3-5　利用 for 循环求整数 1 ～ 100 之和。

分析：利用 for 循环实现累加求和。使用 range 函数创建一个 1 ～ 100 的整数列表用于遍历；定义一个 int 型变量 amount，表示和，初值为 0。循环将 amount 和整数列表的第 i 位元素相加并将结果赋值给 amount，直至整数列表遍历完成。

```
amount = 0
for i in range(1,101):          # 不包含 101，生成 1 ～ 100 的整数列表
    amount = amount + i
print("1+2+…+100 = ", amount)
```

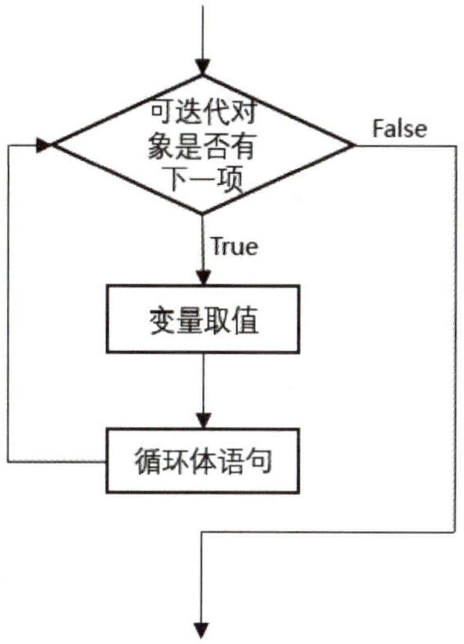

图 3-16 for 语句流程结构图

运行结果如图 3-17 所示。

```
1+2+…+100 =  5050
```

图 3-17 例 3-5 的运行结果

break 和 continue 语句跳出循环

3. break 语句和 continue 语句

break 语句用于退出 for、while 循环，接着执行循环语句后面的语句。

continue 语句用于退出当前循环中的本次循环，返回到循环的起始处，进入下一次循环。

以 while 循环结构为例，break 语句和 continue 语句的跳转流程如图 3-18 所示。

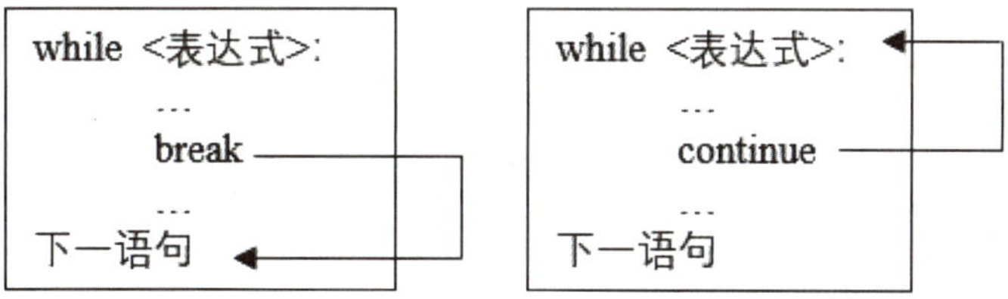

图 3-18 break 语句和 continue 语句的区别

例 3-6 break 语句应用示例。用 for 语句遍历字符串并打印出每位字符，当遇到字母 q 时退出。

```
str1 = "chongqing"
for letter in str1:
    if letter == 'q':
        break
    print(" 当前字母为：", letter)
```

```
print(" 程序结束 ")
```

运行结果如图 3-19 所示。

```
当前字母为：c
当前字母为：h
当前字母为：o
当前字母为：n
当前字母为：g
程序结束
```

图 3-19　例 3-6 的运行结果

例 3-7　continue 语句应用示例。用 for 语句遍历字符串并打印出每位字符，当遇到字母 n 时不打印。

```
str1 = "chongqing"
for letter in str1:
    if letter == 'n':
        continue
    print(" 当前字母为：", letter)
print(" 程序结束 ")
```

运行结果如图 3-20 所示。

```
当前字母为：c
当前字母为：h
当前字母为：o
当前字母为：g
当前字母为：q
当前字母为：i
当前字母为：g
程序结束
```

图 3-20　例 3-7 的运行结果

4．else 语句

在 Python 语言中循环语句可以有 else 子句，else 语句块写在 while 语句或 for 语句的尾部。当循环语句正常退出时，即到达循环终点或者迭代完所有元素时执行 else 语句块，循环被 break 终止时不执行。

任务实施

通过任务分析描述，可以将任务拆分为以下步骤：

1．通过 random.randint(1,10) 函数产生一个 10 以内的随机数。

2．接收玩家的输入。

3．循环 3 次，声明一个 int 型变量用于计数循环次数。

4．每次循环作比较判断，并输出相应信息。

```
import random
point = random.randint(1,10)
num = 0
while num < 3:
    num += 1
    guess = int(input(" 请输入所猜数字："))
    if guess > point:
        print(" 大了 ")
    elif guess < point:
        print(" 小了 ")
    elif guess == point:
        print(" 猜对了 ")
        break
```

运行结果如图 3-21 所示。

```
请输入所猜数字：10
小了
请输入所猜数字：70
大了
请输入所猜数字：32
猜对了
```

图 3-21　任务实施运行结果

任务实训

【实训内容】

用户登录验证。用户输入用户名和密码，判断用户名和密码是否正确，如果正确，输出“登录成功”；如果不正确，输出“登录失败”。登录只有 3 次机会，超过 3 次，输出提示信息“登录失败超过 3 次，请稍后再试”。

【实训目的】

1．掌握使用 PyChram 编写、调试、运行程序的方法。

2．掌握分支语句及循环语句的综合使用。

3．掌握 break 语句的使用。

【实训步骤】

1．启动 PyCharm，创建 Python 文件并命名为 Login。

2．在 Login.py 文件中定义两个变量用于保存正确的用户名及密码。

3．使用 while 或 for 语句设置循环次数为 3。

4．使用 input 函数接收用户的输入。

5．使用 if 语句判断用户输入是否与步骤 2 中的变量值相等。

6．如果相等，则输出“登录成功”，使用 break 语句跳出循环。

7．如果不相等则输出“登录失败”，再重复步骤 4 和 5。

8．如果超出 3 次循环，使用 else 语句块打印出“登录失败超过 3 次，请稍后再试”。

9．通过按组合键 Shift+F10 或者右击文件名，在弹出的快捷菜单中选择 Run 'Login' 运行程序。

单元小结

本单元主要介绍了分支结构和循环结构语句：if 分支语句、while 循环语句和 for 循环语句，还介绍了用于控制循环结构的 continue 语句和 break 语句，这两种语句可以保证程序流程控制的灵活性。

思考与练习

一、填空题

1．Python 中的流程控制语句有 ________、________ 和 ________。

2．________ 语句用于跳出本次循环，进入下一次循环。

二、程序阅读题

写出下列程序的运行结果。

1.

```
a = 0
if a:
  print("Hello")
else:
  print("World")
```

2.

```
i = sum = 0
while i <= 4:
    sum += i
    i = i+1
print(sum)
```

三、编程题

编写代码输出九九乘法表。

1×1=1								
1×2=2	2×2=4							
1×3=3	2×3-6	3×3=9						
1×4=4	2×4=8	3×4=12	4×4=16					
1×5=5	2×5=10	3×5=15	4×5=20	5×5=25				
1×6=6	2×6=12	3×6=18	4×6=24	5×6=30	6×6=36			
1×7=7	2×7=14	3×7=21	4×7=28	5×7=35	6×7=42	7×7=49		
1×8=8	2×8=16	3×8=24	4×8=32	5×8=40	6×8=48	7×8=56	8×8=64	
1×9=9	2×9=18	3×9=27	4×9=36	5×9=45	6×9=54	7×9=63	8×9=72	9×9=81

随手笔记

单元 4　字符串与正则表达式

单元导读

字符串是应用程序中最常用的一种数据类型，在实际应用中我们常常面临各式各样的字符串处理问题。Python 提供了一系列操作字符串的函数，掌握这些常用函数将大大简化我们的工作难度。正则表达式是一个特殊的字符序列，它能帮助我们方便地检索一个字符串是否与某种模式匹配。本单元主要介绍字符串的基本操作、常用字符串函数及常用的正则表达式处理函数。

教学目标

- 了解字符串的概念。
- 掌握字符串的基本操作及常用的字符串函数的使用。
- 了解正则表达式模式。
- 掌握常用的正则表达式处理函数。

任务 1　字符串

生活中我们经常使用手机号进行注册或者验证，在某些面向公众的活动中，为了尊重他人的个人隐私会隐藏手机号码的部分内容。

任务描述

实现手机号中间 4 位号码隐藏。目前使用的手机号为 11 位数字，将第 4 位至第 7 位号码使用 * 隐藏，如图 4-1 所示。

手机号 131****2682

图 4-1　隐藏第 4 位至第 7 位手机号码

知识准备

字符串基础

1. 字符串基础

字符串是程序语言中常用的数据类型，也是最常用、最简单的序列类型。字符串是不可变对象。

字符串中还有一种特殊的字符叫转义字符，指在字符串中某些特定的符号前加一个反斜线之后，该字符被解释为另外一种含义，不再表示本来的字符。常用转义字符如表 4-1 所示。

表 4-1　转义字符表

转义字符	描述
\\	反斜线
\'	单引号
\"	双引号
\a	响铃符
\b	退格符
\f	换页符
\n	换行符
\r	回车符
\t	水平制表符
\v	垂直制表符

续表

转义字符	描述
\0	Null，空字符串
\hhh	以八进制表示的 ASCII 码对应符
\xhh	以十六进制表示的 ASCII 码对应符

（1）字符串的定义。

字符串就是指一连串的字符，它是由许多单个字符连接而成的，如多个英文字母所组成的英文单词。

在 Python 中，用英文状态下的单引号（' '）、双引号（" "）及三引号（''' '''）引起来的字符序列称为字符串，如 ' Hello'、" 中国 "、'''abc~123 '''。

```
var1 = "hello world"
```

（2）字符串的连接。

字符串的连接是指将多个字符串连接在一起，组成一个新的字符串。例如：

```
var1 = "chongqing "
var2 = "gongcheng "
var3 = "zhiyuan"
result = var1 + var2 + var3
print(result)
```

运行结果如下：

```
chongqing gongcheng zhiyuan
```

既然字符串可以使用 + 相加，那么字符串能不能使用 * 相乘呢？请看如下代码：

```
var1 = "hello "
result = var1 * 3
print(result)
```

运行结果如下：

```
hello hello hello
```

用字符串与正整数 n 进行乘法运算，相当于将 n 个字符串进行连接。

（3）字符串的索引与切片。

字符串是一个有序的序列，每个字符在其序列中都有固定位置，因此可以通过序列的位置实现索引与切片操作。在字符串中，字符从左端开始索引，用非负整数 0，1，2，…表示；从右端开始索引，用负整数 -1，-2，…表示。字符位置如图 4-2 所示。

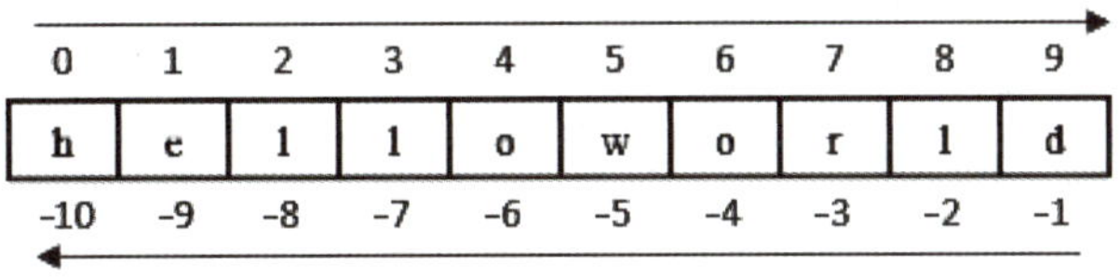

图 4-2 字符位置

例如：

```
var1 = "helloworld"
```

```
print(var1[0])
print(var1[2])
print(var1[-1])
```

运行结果如下：

```
h
l
d
```

字符串的切片是指从一个索引范围中获取连续的多个字符。切片操作基本格式如下：

```
stringname[start : end : step]
```

使用冒号（:）对参数进行分隔。

step 表示获取字符串时的“步长”，正负数均可。正负号决定了获取方向，正表示“从左往右”取值，负表示“从右往左”取值。当 step 省略时，默认为 1，即从左往右以增量 1 取值。

start 和 end 代表字符串的切片从哪里开始到哪里结束，其中切片的最后一个字符位置是 end-1，这里有一个口诀是“包左不包右”。例如：

```
var1 = "helloworld"
print(var1[0:4])
#step 默认为 1，即从左往右获取，从位置 0 开始到位置 3 结束，不包括位置 4 上的字符 o
```

运行结果如下：

```
hell
```

若不指定切片的开始位置，则默认从 0 开始；若不指定切片的结束位置，则默认到字符串结尾。例如：

```
var1 = "helloworld"
print(var1[:5])          # 不指定开始位置，默认从 0 开始
print(var1[5:])          # 不指定结束位置，默认到字符串结尾
```

运行结果如下：

```
hello
world
```

step 不省略，不使用系统默认值的示例如下：

```
var1 = "helloworld"
print(" 从右往左按步长 2 取字符：", var1[::-2])     # 从右往左按步长 2 取字符
print(" 从左往右按步长 2 取字符：", var1[1:7:2])  # 从左往右，即从位置 1 到位置 6 按步长 2 取字符
```

运行结果如下：

```
从右往左按步长 2 取字符： drwle
从左往右按步长 2 取字符： elw
```

（4）求字符串的长度。

字符串的长度是指字符串中字符的个数，可以使用 len() 内置函数查看字符串的长度。例如：

```
var1 = "helloworld"
print(len(var1))
```

运行结果如下：

```
10
```

2. 字符串方法

Python 中每一种内置对象类型都可以认为是一个类，类中定义了可使用的内置方法。字符串是 str 类型对象，字符串对象提供了一系列操作字符串的方法。下面介绍一些常用的字符串方法。

（1）find(str, start, end)。

该方法用于检测字符串中是否包含子字符串 str 。如果指定 start 和 end，则检测 str 是否包含在指定检索范围内，如果检测到，则返回在字符串中的索引，即起始位置；如果没有检测到则返回 -1。

例如：

```
var1 = "helloworld"
var2 = "low"
print(" 检测 low：", var1.find(var2))        # 在整个字符串内查找子字符串
print(" 检测 low：", var1.find(var2,1,4))    # 在指定范围内没有查找到子字符串，则返回 -1
print(" 检测 o：", var1.find("o"))           # 查找到多个匹配时返回第一次出现该子字符串的索引
```

运行结果如下：

```
检测 low： 3
检测 low： -1
检测 o： 4
```

（2）lower()。

该方法将字符串中的字母全部转换成小写字母。例如：

```
var1 = "AbCdEf"
print(var1.lower())
```

运行结果如下：

```
abcdef
```

（3）islower()。

该方法用于判断字符串是否是小写，是则返回 True，否则返回 False。例如：

```
var1 = "AbCdEf"
print(var1.islower())
var1 = var1.lower()      # 转换为小写
print(var1.islower())
```

运行结果如下：

```
False
True
```

（4）upper() 和 isupper()。

upper() 方法用于将字符串中的字母转换成大写字母。

isupper() 方法用于判断字符串是否是大写，是则返回 True，否则返回 False。例如：

```
var1 = "AbCdEf"
print(var1.isupper())
var1 = var1.upper()      # 转换为大写
print(var1)
print(var1.isupper())
```

运行结果如下：

```
False
ABCDEF
True
```

（5）split(sep,num)。

字符串的 split() 方法通过指定分隔符 sep 对字符串进行分割。如果第二个参数 num 有指定值，则将字符串分隔为 num+1 个子字符串，默认为 -1，即分隔所有。例如：

```
var1 = "www.cqvie.edu.cn"
print(var1.split("."))      # 指定分隔符为 (.)
print(var1.split(".", 2))  # 指定分隔次数
```

运行结果如下：

```
['www', 'cqvie', 'edu', 'cn']
['www', 'cqvie', 'edu.cn']
```

（6）replace(old, new, max)。

该方法可以把字符串中的旧字符串（old）替换成新字符串（new）。如果 max 有指定值，则替换次数不超过该值；默认表示全部替换。

例如：

```
var1 = "www.cqvie.edu.cn"
print(var1.replace("cn", "com"))
var2 = "It is is is is an example"
print(var2.replace("is", "was", 3))        # 指定最多替换次数为 3
```

运行结果如下：

```
www.cqvie.edu.com
It was was was is an example
```

（7）strip([chars])。

该方法用于移除字符串头尾指定的字符或字符序列。如果 chars 没有指定值，默认去掉字符串首尾空格或者换行符。该方法只能删除字符串开头或是结尾的字符，不能删除中间部分的字符。删除多个字符时，只要头尾字符在 chars 字符序列中即删除，不考虑顺序，直到遇到第一个不包含在其中的字符为止。

例如：

```
var1 = "...www.cqvie.edu.cn.."
print(var1.strip("."))
var1 = "123www.cqvie.edu.cn231"          # 删除多个字符
print(var1.strip("123"))
```

运行结果如下：

```
www.cqvie.edu.cn
www.cqvie.edu.cn
```

3. 格式化输出

格式化输出及常用字符串函数

（1）字符串格式化函数 format()。

format() 函数可以接收不限个数的参数，参数位置可以不按顺序，通过 {} 占位。例如：

```
print("http://www.{}.edu.{}/".format("cqvie","cn"))          # 不设置指定位置，按默认顺序
print("{1}:http://www.{0}.edu.{1}/".format("cqvie","cn"))     # 设置指定位置
```

运行结果如下：

```
http://www.cqvie.edu.cn/
cn:http://www.cqvie.edu.cn/
```

（2）字符串格式化符号。

使用字符串格式化符号进行格式化（见表 4-2），常用 % 进行表示，% 前面是需要格式化的字符串，% 后面是需要填充的实际参数。

表 4-2　Python 字符串格式化符号

格式化符号	说明
%s	字符串（采用 str() 的显示）或其他任何对象
%c	单个字符
%b	参数转换成二进制整数
%d	参数转换成十进制整数
%i	参数转换成有符号十进制整数
%o	参数转换成八进制整数
%u	参数转换成无符号十进制整数
%x	参数转换成十六进制整数，字母小写
%X	参数转换成十六进制整数，字母大写
%e.E	按科学记数法格式转换成浮点数
%f.F	按定点小数格式转换成浮点数
%g.G	根据值的大小选择使用 %g.G 或 %f.F

例如：

```
print (" 我叫 %s 今年 %d 岁 !" % (" 明明 ", 18))
```

运行结果如下：

```
我叫 明明 今年 18 岁 !
```

任务实施

任务分析：实现号码隐藏，也就是使用 * 替代部分字符串，于是我们想到使用 replace() 方法，这个方法需要提供被替代的子字符串，于是可以使用字符串切片的方式获取手机号码中第 4 位到第 7 位的字符串。

代码如下：

```
number = "13167632682"
substr = number[3:7]
result = number.replace(substr, "*"*4)
print(" 遮码效果：", result)
```

运行结果如图 4-3 所示。

遮码效果：　131****2682

图 4-3　运行结果

任务实训

【实训内容】

实现一个文件路径解析功能的程序，该程序能够识别路径中的文件名、驱动器名、当前目录名、当前目录路径、上级目录路径。

通常文件目录用 \ 进行分隔，故使用 split 函数将路径字符串进行分割，返回一个字符串列表，再识别驱动器名、文件名。字符串列表第一项为驱动器名，最后一项为完整文件名。同时获取当前目录名称、路径及上级目录路径等。

【实训目的】

1. 掌握使用 PyChram 编写、调试、运行程序的方法。
2. 掌握字符串变量的定义、赋值及基本使用。
3. 掌握常用字符串方法的使用。

【实训步骤】

1. 启动 PyCharm，新建 Python 文件并命名为 directory。
2. 在 directory.py 文件中使用 input 函数接收用户路径。
3. 定义字符串变量存入路径字符串。
4. 使用 split 函数将路径字符串进行分割，返回一个字符串列表。
5. 从列表中取出相应的数据并打印输出。
6. 通过按组合键 Shift+F10 或者右击文件名，在弹出的快捷菜单中选择 Run，试运行程序，查看运行结果是否和预想的一致。

任务 2　正则表达式

我们仅仅依靠字符串类提供的内置方法处理一些复杂的问题是非常有限的，相比简单的字符串比较、查找、替换，正则表达式提供了强大的字符串处理能力，能够处理“符合某种抽象模式”的字符串，而不是固化的、具体的字符串。

任务描述

实现邮箱有效性验证功能。通常我们在使用邮箱进行注册时，会检测用户提供的邮箱是否是合法有效的邮箱地址，如图 4-4 所示。

图 4-4　邮箱验证

知识准备

1. 正则表达式的概念

正则表达式（Regular Expression）是一种文本模式，是描述某种规则的表达式，又被称为正规表达式、规则表示法等。正则表达式使用单个字符串来描述、匹配一系列某个句法规则的字符串，即用一个“字符串”来描述一个特征，然后去验证另一个“字符串”是否符合这个特征，通常被用来检索或者替换那些符合某个规则的字符文本。Python 中提供了 re 模块，该模块拥有全部的正则表达式功能。

常用的正则表达式符号如表 4-3 所示。

表 4-3　常用正则表达式符号

字符	描述
.	匹配除 "\n" 之外的任何单个字符
\d	匹配一个数字字符，等价于 [0-9]
\D	匹配一个非数字字符，等价于 [^0-9]
\s	匹配任何空白字符，包括空格、制表符、换页符等，等价于 [\f\n\r\t\v]
\S	匹配任何非空白字符，等价于 [^ \f\n\r\t\v]
\w	匹配包括下划线的任何字母、数字字符，等价于 '[A-Za-z0-9_]'
\W	匹配任何非字母、数字字符，等价于 '[^A-Za-z0-9_]'

定位字符代表的是一个位置，如表 4-4 所示。

表 4-4　定位字符

字符	描述
^	匹配字符串的起始部分
$	匹配字符串的终止部分
\b	匹配一个单词边界，也就是指单词和空格间的位置
\B	匹配一个非单词边界

数量匹配字符如表 4-5 所示。

表 4-5　数量匹配字符

字符	描述
*	匹配前一个字符出现 0 次或无限次
+	匹配前一个字符出现 1 次或无限次
?	匹配前一个字符出现 0 次或 1 次
{m}	匹配前一个字符出现 m 次

续表

字符	描述
{m,}	匹配前一个字符出现至少 m 次
{m,n}	匹配前一个字符出现 m ～ n 次

2. re.match() 方法

re.match() 方法尝试从字符串的起始位置匹配一个正则表达式，如果匹配成功则返回匹配对象，如果匹配不成功则返回 None。语法格式如下：

```
re.match(pattern, string, flags=0)
```

pattern 表示匹配的正则表达式；string 表示要匹配的字符；flags 表示标志位，用于控制正则表达式的匹配方式，默认为 0，具体参数如表 4-6 所示。

表 4-6　flags 参数

参数	描述
re.I	忽略字母大小写
re.L	表示特殊字符集 \w, \W, \b, \B, \s, \S 依赖于当前环境
re.M	多行模式
re.S	使用 '.' 匹配包括换行符在内的任意字符（'.' 不包括换行符）
re.U	表示特殊字符集 \w, \W, \b, \B, \d, \D, \s, \S 依赖于 Unicode 字符属性数据库
re.X	为了增加可读性，忽略空格和 '#' 后面的注释

可以使用 group() 方法来返回字符串的匹配结果。

例如：

```
import re        # 导入 re 模块
pattern = "www"
str1 = "www.cqvie.edu.cn"
result1 = re.match(pattern, str1)
result2 = re.match("http://www.cqvie.edu.cn/","www")      #www 在字符串中间，匹配不成功
print("result1:",result1.group())
print("result2:",result2)
```

运行结果如下：

```
result1: www
result2: None
```

3. re.search() 方法

re.search() 方法和 re.match() 方法类似，都是将正则表达式与字符串进行匹配，re.search() 方法是扫描整个字符串并返回第一个成功匹配的值，若匹配成功则返回匹配对象，若匹配不成功则返回 None。例如：

```
import re        # 导入 re 模块
```

```
result = re.search("www","http://www.cqvie.edu.cn/")
if result:
    print(result.group())
else:
    print (" 不匹配 ")
```

运行结果如下：

```
www
```

4. re.compile() 方法

re.compile() 方法用于编译正则表达式，生成一个正则表达式（pattern）对象，供 match() 和 search() 这两个方法使用。常用格式如下：

```
re.compile(pattern, flags)
```

pattern 表示字符串形式的正则表达式；flags 表示匹配模式，可缺省，具体参数参照表 4-3 所示。例如：

```
import re
pattern = re.compile(r'\d+')                # 用于匹配至少一个数字
result = pattern.search('one12twothree34four')
if result:
    print(result.group())
else:
    print(" 不匹配 ")
```

运行结果如下：

```
12
```

5. re.sub() 方法

re.sub() 方法用于替换字符串中的匹配项。常用格式如下：

```
re.sub(pattern, repl, string, count, flags)
```

pattern 表示字符串形式的正则表达式；repl 表示替换的字符串；string 表示要被查找替换的原始字符串；count 表示模式匹配后替换的最大次数，系统默认值为 0，表示替换所有的匹配；flags 表示编译时用的匹配模式，可缺省。例如：

```
import re
phone = "(023)6568-2019"
num = re.sub(r'\D', "", phone)     # 移除电话号码中非数字的内容
print (" 电话号码 : ", num)
```

运行结果如下：

```
电话号码： 02365682019
```

任务实施

验证邮箱有效性。有效邮箱需要满足以下条件：

1. @ 之前必须有内容，且只能是字母（大小写皆可）、数字、下划线（_）、连接符（-）、点（.）。

2. @ 和最后一个点（.）之间必须有内容，且只能是字母（大小写皆可）、数字、点（.）、

连接符（-），并且两个点不能挨着。

3．最后一个点（.）之后必须有内容且内容只能是字母（大小写皆可）、数字（长度大于等于两个字节，小于等于 6 个字节）。

故可得有效邮箱正则表达式如下：

```
^[a-zA-Z0-9_.-]+@[a-zA-Z0-9-]+(\.[a-zA-Z0-9-]+)*\.[a-zA-Z0-9]{2,6}$
import re
pattern = "^[a-zA-Z0-9_.-]+@[a-zA-Z0-9-]+(\.[a-zA-Z0-9-]+)*\.[a-zA-Z0-9]{2,6}$"
email = input(" 请输入邮箱：")
result = re.match(pattern, email)
if result:
    print("%s 是有效邮箱地址。"%result.group())
else:
    print("%s 是无效邮箱地址。" %email)
```

运行结果如下：

```
请输入邮箱：123kdadksf
123kdadksf 是无效邮箱地址。

请输入邮箱：python123@qq.com
python123@qq.com 是有效邮箱地址。
```

任务实训

【实训内容】

匹配重庆地区座机号码。用户输入座机号，编写满足座机号码格式的正则表达式，将用户输入的号码与正则表达式进行匹配，匹配成功，输出“有效的座机号码”，否则输出“无效的座机号码”。重庆地区座机号码构造规则为 023-[8 位数字]。

【实训目的】

1．理解正则表达式的作用。

2．掌握常用的正则表达式方法。

【实训步骤】

1．启动 PyCharm，新建 Python 文件并命名为 phonenumer。

2．使用 input 函数接收用户输入。

3．定义满足条件的正则表达式。

4．使用 re.search() 方法进行匹配。

5．打印输出相应的信息。

6．通过按组合键 Shift+F10 或者右击文件名，在弹出的快捷菜单中选择 Run 'Login' 运行程序。

单元小结

本单元首先介绍了字符串的基本操作；其次是字符串的索引与切片，以及字符串的格式化；接着介绍了字符类提供的操作字符串的常用方法，最后讲解了正则表达式的基本表示符号，以及正则表达式 re 模块提供的常用方法。

思考与练习

一、填空题

1．使用 ________ 函数可以查看字符串的长度。
2．字符串中从左往右的第一个字符索引为 ________。
3．表达式 "helloworld"[-5:] 的结果为 ________。
4．表达式 "helloworld"[-5] 的结果为 ________。
5．正则表达式模块 re 的 ________ 方法用来在整个字符串中进行指定模式的匹配。

二、编程题

1．请使用字符串格式化的方式写一个新年问候语模板。

2．将一串字符串中以 .com 或 .cn 为域名后缀的 URL 网址匹配出来，过滤掉其他无关信息，如：<a href='www.baidu.com'> 百度 </a>。

随手笔记

单元 5　组合数据类型

单元导读

在实际的编程项目中，除了要掌握基本数据类型的使用外，还需要掌握一些组合数据类型的使用，甚至很多时候组合数据类型比基本数据类型更加常见。在 Python 中，数据类型是很灵活的。本单元将要介绍 Python 中必须要掌握的 3 种组合数据类型。

教学目标

- 掌握 Python 的组合数据类型。
- 掌握列表的定义及使用方法。
- 掌握元组的定义及使用方法。
- 掌握字典的定义及使用方法。

任务 1　列表

列表是程序中较常用的数据类型，最常见的是字符串列表和数值列表。比如，我们需要使用一个字符串列表来存储全国各省份的名称；有的学校教务处需要一个数值列表来存储全校学生的成绩。这里主要介绍这种列表数据的定义和使用。

任务描述

定义列表数据类型存储全国省份和城市。

常用组合数据三剑客之列表的使用

知识准备

1. 序列与索引

列表是 Python 中最基本的数据类型，它是由一组序列构成，值得说明的是，Python 中列表的数据项不需要具有相同的类型。

（1）创建一个列表。

在 Python 中要完成一个列表的创建，只需要把逗号分隔的不同的数据项使用方括号括起来即可，例如：

```
list1 = ['history', 'english', 'math', 1999, 2019]
list2 = [1, 2, 3, 4, 3, 4, 2]
```

由上述示例可见，列表的元素可以不是同一种数据类型，也可以重复。

列表类型是 Python 中的 list 类实例，如下：

```
print(list1)
print(type(list1))
```

结果如下：

```
['history', 'english', 'math', 1999, 2019]
<class 'list'>
```

其中 type() 方法返回的类型是一个名称为 list 的类。

（2）索引。

列表中的每个元素都分配一个数字——它的位置或者下标索引，索引通常用来访问列表中的值。索引从 0 开始，依次叠加。例如要访问上述 list1 中的元素：

```
list1 = ['history', 'english', 'math', 1999, 2019]
print("list1[0]: ", list1[0])
```

结果如下：

```
list1[0]: history
```

如果要同时访问多个列表元素，可以在索引间加上冒号来实现，例如：

```
list2 = [1, 2, 3, 4, 3, 4, 2]
print("list2[2:5]: ", list[2:5])
```

结果如下：

```
list2[2:5]: [3, 4, 3, 4]
```

2. 列表内置函数

Python 内置了许多函数以方便使用列表，这些函数包括确定列表的长度、确定最大和最小元素等。

（1）更新列表。

在 Python 中，可以对列表的数据项进行修改或更新，也可以使用 append() 方法来添加列表项，例如：

```
list1 = ['history', 'english', 'math', 1999, 2019]
print("Value available at index 2: ")
print(list1[2])
list1[2] = 'chemistry'
print("New value available at index 2: ")
print(list1[2])
list2 = list1.append(2020)
print("list2 = ", list2)
```

结果如下：

```
Value available at index 2:
math
New value available at index 2:
Chemistry
list2 = ['history', 'english', 'math', 1999, 2019, 2020]
```

（2）删除列表元素。

Python 中可以使用 del 语句来删除列表的元素，例如：

```
list1 = ['history', 'english', 'chemistry', 1999, 2019]
print(list1)
del list1[2]
print("After deleting value at index 2: ")
print(list1)
```

结果如下：

```
['history', 'english', 'chemistry', 1999, 2019]
After deleting value at index 2:
['history', 'english' , 1999, 2019]
```

（3）列表操作的联合。

在 Python 中可以使用 + 来连接多个列表，例如：

```
list1 = ["a", "b"]
list2 = ["c", "d"]
list3 = list1+list2
print(list3)
```

结果如下：

```
["a", "b", "c", "d"]
```

（4）判断一个元素是否在列表中。

在 Python 中可以使用 in 或 not in 操作判断一个元素是否在或者不在指定的列表中，例如：

```
list = ['a', 'b', 'c', 'd']
print('a' in list)
print('A' in list)
print('A' not in list)
```

结果如下：

```
True
False
True
```

任务实施

使用列表 provinces 存储部分省份名称，再使用另外一个列表 cities 存储对应省份的城市名称，并实现省份与城市的查找。

任务实训

【实训内容】

分别定义两个列表 provinces 和 cities，实现省份与城市的查找。

【实训目的】

1．掌握列表的定义。

2．掌握列表元素的查询。

【实训步骤】

1．定义并初始化列表 provinces。

```
provinces = [" 广东 ", " 四川 ", " 贵州 "]
cities = [[" 广州 ", " 深圳 ", " 惠州 ", " 珠海 "], [" 成都 ", " 内江 ", " 乐山 "], [" 贵阳 ",
" 六盘水 ", " 遵义 "]]
```

如上，provinces[index] 为省份，而 cities[index] 是这个省份的城市，也是一个列表。

2．输入省份查找城市。

```
provinces = [" 广东 ", " 四川 ", " 贵州 "]
cities = [[" 广州 ", " 深圳 ", " 惠州 ", " 珠海 "], [" 成都 ", " 内江 ", " 乐山 "], [" 贵阳 ",
" 六盘水 ", " 遵义 "]]
p = input(" 输入省份：")
found=False
for i in range(len(provinces)):
if provinces[i]==p:
    print(provinces[i], end=":")
    for j in range(len(cities[i])):
        print(cities[i][j], end=" ")
    found=True
    break
if not found:
    print(" 没有这个省份 ")
```

程序中 cities 是一个二维列表，即 cities 本身是一个列表，其每个元素又是一个列表。

3．输入城市查找省份。

```
provinces = ["广东", "四川", "贵州"]
cities = [["广州", "深圳", "惠州", "珠海"], ["成都", "内江", "乐山"], ["贵阳",
"六盘水", "遵义"]]
def search(c):
for i in range(len(cities)):
  for x in cities[i]:
    if x==c:
      print(c, "在", provinces[i]+"省")
      return
print("没有查到")
c = input("输入城市：")
search(c)
```

以上代码中设计 search(c) 函数查找 c 城市的省份，第一个 i 循环遍历所有 cities 中的元素，第二个循环中 cities[i] 又是一个列表，在此循环中查找城市，如果查找成功，那么 provinces[i] 就是该城市所在的省份。

任务 2　元组

元组也是 Python 中常用的数据类型，描述为 tuple 类的类型，其与列表非常相似，但也有细小区别，如下：

1．元组的所有元素都放在使用圆括号 () 中，如 t = ('a', 'b', 'c')。

2．元组中的元素不能改变，只能读取。

因此可以简单理解为元组就是只读的列表，除了不能改变外，其他特性与列表完全一样。

任务描述

在程序中求一组值的最大值或者最小值时常用的操作如下：

```
def max(a,b):
  return a if a>b else b
```

上述代码可以计算两者之间的最大值，但是计算 3 个参数的最大值就无法操作了，能不能设计一个 max 函数计算任意多个数的最大值呢？

常用组合数据三剑客之元组的使用

知识准备

1．元组与列表

Python 的元组与列表类似，不同之处在于元组的元素不能修改。元组使用小括号，列表使用方括号。元组的创建很简单，只需要在括号中添加元素并使用逗号隔开即可。

创建空元组，如下：

```
tuple1 = ()
```

元组中只包含一个元素时，需要在元素后面添加逗号，如下：

```
tuple1 = (50, )
```

元组与列表类似，下标索引从 0 开始，可以进行截取，组合等。

2. 元组内置函数

（1）访问元组。

元组可以使用下标索引来访问元组中的值，如下：

```
#!/usr/bin/python
tup1 = ('physics', 'chemistry', 1997, 2000)
tup2 = (1, 2, 3, 4, 5, 6, 7 )
print "tup1[0]: ", tup1[0]
print "tup2[1:5]: ", tup2[1:5]
```

结果如下：

```
tup1[0]:  physics
tup2[1:5]:  (2, 3, 4, 5)
```

（2）修改元组。

元组中的元素值是不允许修改的，但可以对元组进行连接组合，如下：

```
#!/usr/bin/python
# -*- coding: UTF-8 -*-

tup1 = (12, 34.56)
tup2 = ('abc', 'xyz')

# 以下修改元组元素操作是非法的
# tup1[0] = 100

# 创建一个新的元组
tup3 = tup1 + tup2
print tup3
```

结果如下：

```
(12, 34.56, 'abc', 'xyz')
```

（3）删除元组。

元组中的元素是不允许删除的，但可以使用 del 语句来删除整个元组，如下：

```
#!/usr/bin/python

tup = ('physics', 'chemistry', 1997, 2000)

print tup
del tup
print "After deleting tup : "
print tup
```

以上示例元组被删除后，输出变量会有异常信息，如下：

```
('physics', 'chemistry', 1997, 2000)
After deleting tup :
Traceback (most recent call last):
    File "test.py", line 9, in <module>
```

```
    print tup
NameError: name 'tup' is not defined
```

（4）元组类型的使用。

建立一个代表星期的元组，输入一个 0 ～ 6 的整数，输出对应的星期名称。

```
week = (" 日 "," 一 "," 二 "," 三 "," 四 "," 五 "," 六 ")
print(week)
w = input("Enter an integer(0~6): ")
w = int(w)
if w>0 and w<=6:
  print(" 星期 "+week[w])
else:
  print(" 错误输入 ")
```

结果如下：

```
(' 日 ',' 一 ',' 二 ',' 三 ',' 四 ',' 五 ',' 六 ')
Enter an integer(0~6): 3
星期三
```

（5）元组可变参数的函数。

如果在函数参数的末尾使用 * 参数，那么该参数是可以变化的，一般标注为 *args 参数，在函数中成为一个元组，注意这样的 *args 的参数必须放在函数参数的末尾。

```
def fun(x,y,*args):
  print(x, y)
  print(args)

fun(1,2)
fun(1,2,3)
fun(1,2,3,4)
```

结果如下：

```
1 2
()
1 2
(3, )
1 2
(3, 4)
```

其中，args 就是一个可变参数，它根据实际的调用成为一个元组，fun(1,2) 时，x=1，y=2，args=()；当 fun(1,2,3) 时，x=1，y=2，而 args=(3,)。

任务实施

设计一个通用的最大值函数 max，可以计算出任意个数元素的最大值。

任务实训

【实训内容】

设计一个通用的最大值函数 max，函数设计成带任意参数 *args 的形式。

【实训目的】

1．掌握元组的定义和使用。

2．掌握可变元组的使用。

【实训步骤】

1．定义函数 max。

2．设计带任意参数 *args 形式，如下：

```
def max(*args)
```

3．参考代码

```
def max(*args):
    print(args)
    m=args[0]
    for i in range(len(args)):
        if m<args[i]:
            m=args[i]
    return m

print (max(1,2))
print (max(1,2,0,3))
```

结果如下：

```
(1,2)
2
(1,2,0,3)
3
```

由此可见，在调用 max(1,2) 时，1、2 都传递给 args 参数，args=(1,2) 成为一个元组，同样地 max(1,2,0,3) 时，args=(1,2,0,3) 成为一个元组。

任务 3　字典

任务描述

在程序中经常遇到键值对的问题，即给定一个键 key，需要求其对应的值 value。例如一个同学的姓名（key）是什么（value）？性别（key）是什么（value）？这里主要介绍字典的应用，并实现用列表和字典存储一组学生的信息，主要是方便使用时查找。

知识准备

1．数据结构中的键值对

字典是另一种可变容器模型，且可存储任意类型对象。

字典的每个键值 key=>value 对用冒号（:）分隔，每个键值对之间用逗号（,）分隔，整个字典包括在花括号 {} 中，格式如下：

```
d = {key1 : value1, key2 : value2 }
```

键一般是唯一的，如果重复，最后的一个键值对会替换前面的。值不需要唯一，值可以取任意的数据类型，但键必须是不可变的，如字符串、数字、元组。一组示例如下：

```
dict = {'name': 'Alice', 'age':18}
print(type(dict))
```

结果如下：

```
<class 'dict'>
```

由此可见字典类型是一个类名称为 dict 的对象类型。

常用组合数据三剑客之字典的使用

2. 字典内置函数

（1）访问字典内的值。

把相应的键放入方括号内即可访问字典内的值，如下：

```
#!/usr/bin/python

dict = {'Name': 'Zara', 'Age': 7, 'Class': 'First'}
print "dict['Name']: ", dict['Name']
print "dict['Age']: ", dict['Age']
```

结果如下：

```
dict['Name']:  Zara
dict['Age']:  7
```

字典里如果没有指定的键，会输出错误，如下：

```
#!/usr/bin/python

dict = {'Name': 'Zara', 'Age': 7, 'Class': 'First'}
print "dict['Alice']: ", dict['Alice']
```

结果如下：

```
dict['Alice']:
Traceback (most recent call last):
  File "test.py", line 5, in <module>
    print "dict['Alice']: ", dict['Alice']
KeyError: 'Alice'
```

（2）修改字典。

向字典中添加新内容的方法是增加新的键 / 值对，也可以修改或删除已有的键 / 值对，如下：

```
dict = {'Name': 'Zara', 'Age': 7, 'Class': 'First'}
```

如果一个键值已经存在，可以修改它的值，如下：

```
dict['Age'] = 8
```

如果一个键值不存在，可以增加，如下：

```
dict['School'] = "CQVIE"
print "dict['Age']: ", dict['Age']
print "dict['School']: ", dict['School']
```

结果如下：

```
dict['Age']: 8
dict['School']: CQVIE
```

（3）删除字典元素。

删除字典元素可以用 del 命令，如下：

```
dict = {'Name': 'Zara', 'Age': 7, 'Class': 'First'}
del dict['Name']          # 删除键是 Name 的条目
dict.clear()              # 清空字典所有条目
del dict                  # 删除字典
```

3. 字典与函数

（1）字典作为函数参数。

如果在函数中改变了字典，那么调用的字典同时也被改变，也就是说调用处的实际参数与函数的形式参数是同一个变量，这一点与普通的整数、浮点数、字符串变量不同。

```
def fun(dict):
  dict["name"]= "aaa"
  print("inside:",dict)

dict = {"name": "xxx", "age":30}
print("before",dict)
fun(dict)
print("after",dict)
```

结果如下：

```
before {'name': 'xxx', 'age':30}
inside {'name': 'aaa', 'age':30}
after {'name':'aaa', 'age':30}
```

（2）函数返回字典。

字典可以作为函数返回值返回，如下：

```
def fun():
    dict={}
    dict["name"] = "aaa"
    dict["age"] = 30
    dict["gender"] = "male"
    return dict

def show():
    keys=dict.keys()
    for key in keys:
        print(key, dict[key])

dict=fun()
print(dict)
show(dict)
```

结果如下：

```
{'name': 'aaa', 'age':30, 'gender': 'male'}
name aaa
age 30
gender male
```

任务实施

使用列表与字典存储学生信息，方便使用时查找，学生信息包括姓名、性别、年龄等。

任务实训

【实训内容】

使用列表与字典存储学生信息，方便使用时查找。

【实训目的】

1．掌握字典的定义和使用。

2．掌握字典的查询。

【实训步骤】

1．定义字典对象：学生信息。

```
{"name": " 张三 ", "gender": " 男 ", "age":20}
```

2．设计一个列表 stu=[]，用来存储多个学生的信息，每个列表的元素是一个学生字典对象，例如：

```
stu = [{"name": " 张三 ", "gender": " 男 ", "age":20},{"name": " 李四 ", "gender": " 女 ", "age":20}]
```

3. 参考代码

```
stu = []
def getStudents():
    global stu
    stu = []
    stu.append({"name": " 张三 ", "gender": " 男 ", "age":20})
    stu.append({"name": " 李四 ", "gender": " 女 ", "age":20})
    stu.append({"name": " 王五 ", "gender": " 男 ", "age":21})

def seekStudent(Name):
    for s in st:
        if s["name"] == name:
print(s["name"], s["gender"], s["Age"])
return
    print(" 没有姓名是 ", name, " 的学生 ")

getStudents()
seekStudent(" 张三 ")
seekStudent(" 张四 ")
```

结果如下：

```
张三 男 20
没有姓名是 张四 的学生
```

单元小结

本单元首先介绍了 Python 语言中的列表类型，包括列表类型的定义和使用、常用内置函数的使用；然后介绍了元组类型，包括元组类型的定义和使用、常用内置函数的使用；最后介绍了字典类型，包括字典类型的定义和使用、常用内置函数的使用，以及字典与函数之间的关系。

思考与练习

一、简答题

1．能否直接修改字符串的某个字符？例如 s="abc"，s[0]="1" 可以吗？

2．元组和列表有什么不同？

二、编程题

1．设计一个字符串函数 reverse(s)，返回字符串 s 的反串，例如 reverse("abc") 返回 "cba"。

2．用一个字典描述一个日期，包含年（year）、月（month）、日（day）的键字。

3．写出下列程序执行的结果：

```
d={"students":[{"name": "A", "sex": "M"},{"name": "B", "sex": "C"}]}
  for k1 in d.keys():
    for k2 in d[k1]:
    for k3 in d2.keys():
      print(k3,k2[k3])
```

单元 6　Python 函数与模块

单元导读

函数与模块是很多计算机编程语言都具有的特性，因为函数与模块化的设计可以增加代码的灵活性，提高代码的复用率。Python 作为全世界最流行的编程语言之一也不例外，模块化的设计更有利于代码的传播与使用，也使用 Python 编写的功能模块代码可以用在其他语言编写的程序或平台上。

教学目标

- 掌握 Python 的函数定义。
- 掌握函数参数及返回值。
- 掌握 Python 变量的作用范围。
- 掌握函数的调用。

任务 1　Python 函数

函数是程序的一个重要组成部分。Python 语言中有大量的内部函数，程序的主体就是一个函数。除此之外，用户还可以自定义函数来解决编程中遇到的具体问题。

任务描述

输入两个正整数，求出它们的最大公约数与最小公倍数。

知识准备

代码复用之函数

1. 函数的定义

Python 语言中有大量的内部函数，程序的主体主程序就是一个函数。除此之外，在程序中还可以自定义函数。函数的语法格式如下：

```
def 函数名称 ( 参数 1, 参数 2,…):
    函数体
```

函数名称是用户自己定义的，与变量的命名规则相同，用字母开始，后面跟若干字母、数字等。

函数可以有很多参数，每个参数都有一个名称，它们是函数的变量，不同的变量对应的函数值往往不同，这是函数的本质所在，这些参数称为函数的形式参数（简称形参）。

函数体是函数的程序代码，相对于 def 关键字必须保持一定的缩进。

函数被设计成为完成某一个功能的一段程序代码或模块。Python 语言把一个问题划分成多个模块，分别对应不同的函数，即一个 Python 语言程序往往由多个函数组成。

2. 函数参数与返回值

（1）函数参数。

在调用函数时，形参规定了函数需要的数据个数，实际参数（简称实参）必须在数目上与形参相同，一般规则如下：

- 形参是函数的内部变量，有名称。形参出现在函数定义中，在整个函数体内都可以使用，但离开该函数则不能使用。
- 实参的个数必须与形参一致，实参可以是变量、常数、表达式，甚至可以是一个函数。
- 当实参是变量时，它不一定要与形参同名称，实参变量与形参变量是不同的内存变量，它们其中一个值发生变化不会影响另外一个变量。

函数调用中发生的数据传送是单向的，即只能把实参的值传送给形参，而不能把形参的值反向地传送给实参，因此在函数调用过程中，形参的值发生改变，而实参中的值不会变化。

函数可以没有参数，但此时圆括号不可或缺。

（2）函数返回值。

函数的返回值是指函数被调用之后，执行函数体中的程序段所取得的并返回给主调函数的值。一般，函数计算后总有一个返回值，通过函数内部的 return 语句来实现这个返回值，格式如下：

```
return 表达式
```

该表达式的值就是函数的返回值。return 语句执行后函数即结束，即使下面还有别的语句也不再执行。例如：

```
def  fun(x):
  print (x)
  if x<0:
    return
  print(x*x)
x=-2
fun()
```

结果如下：

```
-2
```

因为 x<0 成立后执行了 return 语句，函数返回并结束，后面的 print(x*x) 不再执行，但是将语句修改，如下：

```
x=2
fun()
```

结果如下：

```
2
4
```

函数一直执行到最后一条语句后结束。

注意，只要一执行 return 语句，函数就结束并且返回，无论 return 处于什么位置，哪怕是在一个循环中，例如下列函数 IsPrime 测试变量 m 是否是素数：

```
def IsPrime(m):
  print("start")
  for i in range(2,m):
    print(i)
    if m%i==0:
      return 0
  print("OK")
  return 1
print("return: ",IsPrime(9))
```

在 9 传入到 m 后，当 i=3 时满足条件，执行 return，那么函数返回 0 即结束，剩余的循环不再执行，剩余的语句也不再执行。

（3）没有返回值的函数。

函数也可以没有返回值，Python 的默认返回值是 None，例如以下函数：

```
def SayHello()
  print("Hello,everyone")
```

没有返回类型的函数也可以有 return 语句，但 return 后面不可以有任何表达式，例如：

```
def fun(x):
  if (x<0) return;   # 在 x<0 时结束函数并返回
  print(x)
```

（4）函数调用。

函数调用是比较简单的，调用自己编写的函数与调用 Python 语言的内部函数一样。有返回值的函数可以放在任何一个合适的表达式中去计算，当然也可以单独作为一条语句执行。而没有返回值的函数不能用在任何一个表达式中去参加计算，只能作为单独的一条语句执行。

Python 语言中规定，函数必须先定义才可以调用，即在调用函数时编译器必须事先知道该函数的参数构造，否则编译会出错。

任务实施

输入两个正整数，求出它们的最大公约数和最小公倍数。

任务实训

【实训内容】

求最大公约数和最小公倍数的方法有很多，一个比较直观的方法就是穷举法，又称逐个尝试法。

【实训目的】

1．掌握函数的定义。

2．掌握函数调用。

3．掌握函数返回值。

【实训步骤】

1．最大公约数求解分析。

根据穷举法的思想，要求 a、b 的最大公约数 d，那么设置 m=min(a,b)，一定有 $d \leqslant m$，即 d 不大于 a、b 中最小的数，于是可以从序列 m, m−1, m−2, … , 2,1 中寻找 a、b 能除尽的数 d，找到的第一个 d 就是 a 和 b 的最大公约数，最坏的情况是 d=1。

2．最小公倍数求解分析。

求 a、b 的最小公倍数 c，那么设置 m=max(a,b)，一定有 $c \geqslant m$，即 c 不小于 a、b 中最大的数，于是可以从序列 m, m+1, m+2, … , a*b 中寻找能被 a、b 除尽的数 c，找到的第一个数就是 a 与 b 的最小公倍数，最坏的情况是 c=a*b。

3．参考代码。

```
# 最大公约数函数
#d 最小为 1，必定会返回
def maxDivider(a,b):
    c=a
    if b<a:
        c=b
```

```
    for d in range(c, 0, -1):
        if a%d==0 and b%d==0
            return d

# 最小公倍数函数
#d 最大为 a*b，必定会返回
def minMultiplier(a,b):
    c=a
    if b>a:
        c=b
    m=a*b
    for d in range(c, m+1, 1):
        if d%a==0 and d%b==0:
            return d

# 主程序
a=input("a=")
b=input("b=")
a=int(a)
b=int(b)
print(" 最大公约数 ", maxDivider(a,b))
print(" 最小公倍数 ", minMultiplier(a,b))
```

任务 2　Python 变量范围

Python 的主程序中包含函数，函数内部有自己的变量，主程序也有自己的变量。那么，这些变量之间是什么关系呢？如何在函数内部使用主程序的变量？本任务的目标就是要分清这些变量的性质，介绍局部变量和全局变量的使用方法。

任务描述

用一个函数输入省份和城市，用另外一个函数显示。

知识准备

1. 局部变量

局部变量也称为内部变量。局部变量是在函数内定义说明的，其作用域仅限在函数内，离开该函数后再使用这种变量是非法的。

```
def sum(m):
    s=0
    for p in range(m+1):
        s=s+p
```

```
    # 计算 1+2+…+m
return s

m=10
s=sum(m)
print(s)
```

其中，m、p、s 变量都是局部变量。关于局部变量的作用域还有以下几点说明：

- 函数中定义的变量只能在该函数中使用，不能在其他函数中使用。同时，一个函数也不能使用其他函数中定义的变量。各个函数之间是平行关系，每个函数都封装了一块自己的区域，互不相干。
- 形参变量是属于被调函数的局部变量，而实参变量是属于主调函数的局部变量。
- 允许在不同的函数中使用相同的变量名，因为它们代表不同的对象，分配不同的存储单元，互不干扰，也不会发生混淆。本例中 sum 函数的 m、s 变量与主程序中的 m、s 变量同名，但它们是不同的变量。

一个实例了解函数中变量的使用范围

```
def fun(x, y):
    print("In fun:", x, y)
    x=1
    y=2

x=100
y=200
fun(x, y)
printf(x, y)
```

结果如下：

```
In fun 100 200
100 200
```

主程序中的 x、y 变量是主程序的局部变量，fun 中的 x、y 变量是 fun 的局部变量，即主程序中的 x 与 fun 中的 x 不同，主程序中的 y 与 fun 中的 y 不同，所以在调用 fun 后主程序的 x、y 值不变。

2. 全局变量

（1）全局变量的作用域。

如果一个函数内部要用到主程序的变量，那么可以在该函数内部声明这个变量为全局变量，这样函数内部使用的这个变量就是主程序的变量。当在函数中改变了全局变量的值时会直接影响主程序中该变量的值。

```
def fun(x):
    global y
    y = 0
    x = 0
```

```
x=1
y=2
fun(x)
print(x, y)
```

结果如下：

```
1 0
```

在 fun 函数中使用 global y 声明 fun 中使用的 y 不是 fun 本地的 y 变量，而是主程序的 y 变量。

```
def A(x):
  global y
  y = 0
  x = 0

def B(x)
  global y
  y = 10
  x = 0

x=1
y=2
A(x)
B(x)
print(x, y)
```

结果如下：

```
1 10
```

在 A、B 函数中都使用 global y 声明 A、B 中使用的 y 不是本地的变量 y，而是主程序中的变量 y。

（2）全局变量与局部变量。

全局变量的作用域为整个程序，它在程序开始时就存在，任何函数都可以访问它，而且所有函数访问的同名称的全局变量都是同一个变量，全局变量只有在程序结束时才会销毁。

局部变量的作用域是函数内部，当执行该函数时才生效，退出函数后局部变量就销毁。不同函数之间的局部变量是不同的，就算变量同名也不相干。

局部变量具有局部性，这使得函数有独立性，函数与外界的接口只有函数参数与它的返回值，使得程序的模块化更加突出，这样更有利于开发大型的程序。

全局变量具有全局性，是实现函数之间数据交换的公共途径，但是大量地使用全局变量则会破坏函数的独立性，导致程序的模块化程度降低，因此要尽量减少全局变量的使用，而多使用局部变量，函数之间应尽量保持各自的独立性，建议在函数之间只通过接口参数来传递数据。

任务实施

编写两个函数，一个函数用来输入省份和城市，另外一个函数用来显示。

任务实训

【实训内容】

设计一个输入函数 enter，用于输入 province 和 city；设计另外一个函数 show 来显示它们。由于 enter 要返回省份和城市两个数据，暂时还没有办法做到，因此把 province 和 city 设计成全局变量。

【实训目的】

1．掌握全局变量和局部变量的使用。

2．掌握全局变量和局部变量的作用域。

【实训步骤】

1．定义函数 enter。

```
def enter():
    global province
    global city
    province=input(" 省份：")
    city = input(" 城市：")
```

2．设计函数 show。

```
def show():
    print(" 省份："+province+" 城市："+city)
```

3．参考代码。

```
province=""
city=""
enter()
show()
```

4．参考结果。

```
省份：广东
城市：深圳
省份：广东 城市：深圳
```

任务 3　Python 模块

任务描述

在计算一个数的平方根时使用了如下语句：

```
import math
```

目的是引入 math 模块。

知识准备

1．模块概述

模块是一个保存了 Python 代码的文件，可直接调用，提高开发效率，模块定义的函数、类和变量可直接使用。本节的目标是编写属于自己的模块并使用，从而加深对系统模块的认识。

Python 模块（Module）是一个 Python 文件，以 .py 结尾，包含了 Python 对象定义和 Python 语句。

可以有逻辑地组织 Python 代码段，把相关的代码分配到一个模块里，使代码更好用、更易懂。

模块能定义函数、类和变量，模块里也能包含可执行的代码。

用模块做更多事

2．模块使用

下面通过一个示例来说明模块的建立与使用。

第一步，设计一个程序 myModule.py，包含两个函数 myMin 和 myMax，如下：

```
def myMin(a,b):
    c=a
    if a>b:
        c=b
    return c

def myMax(a,b):
    c=a
    if a<b
        c=b
    return c
```

把程序保存到本地某个目录中。

第二步，设计另外一个程序 abc.py，并将其保存到与上一个程序相同的目录中，在 abc.py 中引入 myModule.py，如下：

```
import myModule
print(myModule.myMin(1,2),myModule.myMax(1,2))
```

或者：

```
from myModule import myMin,myMax
print(myMin(1,2), myMax(1,2))
```

执行 abc.py，结果如下：

```
1 2
```

3．第三方模块的安装方法

Python 模块是设计完成的 Python 程序。Python 中的模块一般放在安装目录的 lib 文件夹下。自定义的任意模块均可以放进去，然后通过上述两种方法导入使用。

任务实施

测试 Python 模块的位置。

任务实训

【实训内容】

Python 模块是 Python 的重要部分。安装一个 Python 程序包就是安装一个文件夹，该文件夹中有很多模块，其中这个程序包或者模块的位置是十分重要的。

【实训目的】

1．掌握模块的使用。

2．掌握第三方模块的安装方式。

【实训步骤】

1．一般地，Python 中能存放模块的目录可以通过 sys.path 得到，在 Python 的命令行中输入：

```
>>>import sys
>>>sys.path
```

2. 可以看到 sys.path 都有哪些目录。模块可以放在 sys.path 包含的任意一个目录中。

3. 参考代码。

```
import sys
paths=sys.path
for p in paths:
print(p)
```

执行这个程序，在 Anaconda 环境下可以看到如下结果：

```
C:\untitled
C:\ProgramData\Anaconda3\python36.zip
C:\ProgramData\Anaconda3\DLLs
C:\ProgramData\Anaconda3\lib
C:\ProgramData\Anaconda3
C:\ProgramData\Anaconda3\lib\site-packages
C:\ProgramData\Anaconda3\ lib\site-packages\Sphinx-1.5.1-py3.6.egg
C:\ProgramData\Anaconda3\ lib\site-packages\win32
C:\ProgramData\Anaconda3\ lib\site-packages\win32\lib
C:\ProgramData\Anaconda3\ lib\site-packages\Python\win
C:\ProgramData\Anaconda3\ lib\site-packages\setuptools-27.2.0-py3.6.egg
```

单元小结

本单元首先介绍了 Python 语言中的函数的定义和使用，然后介绍了 Python 中的变量，包括局部变量和全局变量，以及两者之间的区别和适用范围；最后介绍了模块，包括模块的概述、使用，以及第三方模块的安装方法。

思考与练习

1．编程计算 1+2+4+…+100。

2．从键盘输入一个字符串，直到按 Enter 键结束，编程统计字符串中的大小写英文字母各有多少个。

3．小华今年 12 岁，她妈妈比她大 20 岁，编写程序计算多少年后她妈妈年龄比她大一倍。

4．假设世界人口是 60 亿，如果每年按 1.5% 的比例增长，编写程序计算经过多少年后世界人口可以达到 80 亿。

5．一个小球从 80 米高空自由下落，每次落地后返回原高度的一半，再落下。编写程序计算小球在第 10 次落地时共经过多少米，以及第 10 次反弹有多高。

随手笔记

单元 7　Python 面向对象

单元导读

Python 是一种面向对象语言，Java、C++ 都是面向对象语言的典型代表，那么它们之间在设计上又有怎样的区别和联系呢？本单元介绍 Python 面向对象的一些高级特性。

教学目标

- 掌握 Python 面向对象语言的高级特性。
- 掌握面向对象相关技术定义。
- 掌握 Python 类与对象的定义及使用方法。
- 掌握 Python 类的属性和方法的定义及使用方法。

任务 1　类与对象

利用 Python 面向对象的特性，编程实现教务管理系统中学生成绩的管理。

任务描述

在编程中，我们经常会遇到类似的问题，比如工资系统中对员工薪酬的管理、教务管理系统中对学生成绩的管理等。这类问题恰是大多数面向对象程序语言擅长处理的。

知识准备

1．类与对象概述

在学习面向对象的编程语言之前，需要先了解面向对象语言的一些基本特征，形成一个基本的面向对象的概念，这样有助于学习 Python 的面向对象编程。

在介绍面向对象语言的一些基本特征前，先来介绍类与对象。

（1）类。

类，又称为 Class。在面向对象的技术中，类是用来描述具有相同的属性和方法的对象的集合。通常地，类定义了该集合中每个对象所共有的属性和方法。

（2）对象。

对象是类的实例。那么何为对象？在使用面向对象语言编程时，万物皆可为对象。比如地球上所有的生物，凡是活的、可动的、具有某种生命特征的，皆属于该范畴，即可以将它们视为一个对象——生物。

总而言之，对象是对客观事物的抽象。再举一个例子，人是客观存在的，故人可被视作一个对象。

（3）类和对象的关系。

对象是对客观事物的抽象，类是对对象的抽象，类是一种抽象的数据类型，如图 7-1 所示。还可以从两者的关系来加深我们对类和对象的理解。

它们的关系是，对象是类的实例，而类是对象的模板。类和对象是两种以计算机为载体的计算机语言的合称。

类与对象：独树一帜，自成一类

在基本掌握类和对象的定义之后，再来学习两者在实际 Python 编程中的应用。

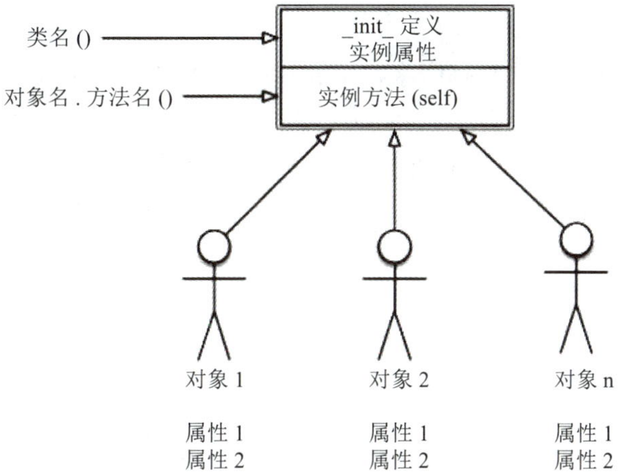

图 7-1　类和对象实例

接下来进行类的创建，在 Python 中，使用 class 关键字来创建一个新类，class 之后是类的名称并以冒号结尾，如下：

```
#!/usr/bin/python
# -*- coding: UTF-8 -*-
class ClassName():
 '类的帮助信息'         # 类文档说明
 class_suite            # 类体
```

说明：类的帮助信息可以通过 ClassName._doc_ 查看。class_suite 由类成员、方法、数据属性组成，这部分内容会在下面进行详细说明。

那么，如果以 User 用户类为例，可以轻松地给出用户类 User 的定义，如下：

```
#!/usr/bin/python
# -*- coding: UTF-8 -*-
class User():
   pass
```

说明：类名一般约定使用大写字母开头，这里的 pass 表示为空类，暂时还没有准备好类的内容。

2. 类的方法和属性

在介绍类和对象的定义后，接下来介绍类的属性和方法，类的属性和方法同样是面向对象的重要特征。

（1）类的方法。

在类的定义中，类其实是定义了该集合中每个对象所共有的属性和方法。上面的用户类示例中，可以为其定义一个输出打印的方法 say，如下：

```
#!/usr/bin/python
# -*- coding: UTF-8 -*-
class User():
```

```
    def say(self) -> None:
        print ('hello')
```

以上示例中 say 方法的功能是打印字符串 hello，是不是使用起来特别方便？值得一提的是 say 方法有一个 self 参数。实际上 Python 方法的定义可以有 1 到多个参数，第一个参数是必须有的，第一个参数有约定俗成的名字叫 self，在对象上调用一个方法时不需要手动为 self 提供一个值，原因是解释器会自动把调用对象实例作为第一个参数，赋值给各个方法的 self 参数。

（2）类的属性。

类的属性通常通过类中定义的变量或者参数来体现，如下：

```
#!/usr/bin/python
# -*- coding: UTF-8 -*-
class User():
    def __init__(self, name: str) -> None:
        self.name = name
    def say(self) -> str:
        print (' 我的名字是：', self.name)
```

以上示例的功能是输出该用户的名字，用构造方法 _init_ 初始化属性，在方法中用 self. 属性名访问。

3. 类的访问权限

Python 中，在 Class 内部可以有属性和方法，而外部代码可以通过直接调用实例变量的方法来对数据进行操作，这样就隐藏了内部的复杂逻辑。但是，外部代码还是可以自由地修改一个实例的属性。如上面类属性的 User 示例，可以用以下代码：

```
>>>
>>> bart = User('zhangsan')
>>>
>>> bart.name
zhangsan
>>> bart.name = 'lisi'
>>>
>>> bart.name
lisi
```

bart 是 User 的一个实例，外部的代码自由地修改该实例的 name 属性，可以看到，通过赋值语句 bart.name = 'lisi' 可以成功地修改。

如果要让内部属性不被外部访问，可以在属性的名称前加上两个下划线（_），在 Python 中，实例的变量名如果以 _ 开头，就变成了一个私有变量（private），只有内部可以访问，外部不能访问，如下：

```
>>> bart = User('zth',90)
>>>
>>> bart.__name
Traceback (most recent call last):
  File "<stdin>", line 1, in <module>
AttributeError: 'User' object has no attribute '__name'
```

这样就确保了外部代码不能随意修改对象内部的状态，通过访问限制的保护使代码更加健壮。

可以给 User 类增加 get_name 方法来获取外部代码 name。

在 Python 中，通过定义私有变量和对应的 set 方法可以帮助进行参数检查，避免传入无效的参数。对 User 类做以下更改：

```
class User(object):
def __init__(self, name, age):
    self.__name = name
    self.__age = age

def get_name(self):
    return self.__name

def get_age(self):
    return self.__age

def set_age(self, age):

    if 0<= score <=100:
        self.__score = score
    else:
        raise ValueError('Error  age')
```

在原有的 User 类基础上，上述代码增加了 age 参数，并为 name 定义了 get 方法，为 age 定义了 get 和 set 方法。

```
zth = User('zth',80.5)
print(" 姓名：%s"%zth.get_name())
print(" 修改前年龄：%s"%zth.get_age())
zth.set_age(90)
print(" 修改后年龄：%s"%zth.get_age())
```

以上代码的执行结果为：

```
姓名：zth
修改前年龄：80.5
修改后年龄：90
```

以上是类的私有属性，同理，类也有私有方法，示例如下：

```
>>> class PrivateMethod(object):
  def__foo(self):             # 私有方法
    print(" 这里是私有方法 ")

  def foo(self):              # 公有方法
    print(" 这里是公有方法 ")
    print(" 公有方法里调用私有方法 ")
    self.__foo()
    print(" 公有方法调用结束 ")
>>>
```

```
>>> zth = PrivateMethod()
>>>
>>> zth.foo()
这里是公有方法
公有方法里调用私有方法
这里是私有方法
公有方法调用结束
>>>
>>> zth.__foo()
Traceback (most recent call last):
  File "<stdin>", line 1, in <module>
AttributeError: 'PrivateMethod' object has no attribute '__foo'
```

任务实施

在上述知识基础之上，再定义学生管理系统中的学生类，并定义学生类的属性和基本方法。

首先定义学生类，作为一个简单的学生成绩管理系统，应该包含的属性有学生姓名、班级、学号、成绩。成绩再细分的话，可以分为单科成绩或者所有课程的总成绩。

任务实训

【实训内容】

定义学生管理系统中的学生类，并定义学生类的属性和基本方法。

【实训目的】

1．掌握类的定义。

2．初步掌握类的属性和方法的定义。

3．掌握类属性和类方法的访问权限。

【实训步骤】

1．启动 PyCharm，创建新 Python 文件。

2．在 Python 文件中定义 Student 类。

3．定义 Student 类的属性。

4．定义 Student 类的方法。

任务 2　对象初始化

在面向对象的程序语言中，对象实例化之前往往要对实例进行初始化。比如以上示例中，设置实例名字的初始值，这些工作都是 Python 自动完成的，因此会有默认的方法被调用，这个默认的方法就是构造函数，与之对应的叫析构函数。本任务的目标就是掌握构造函数与析构函数的使用，为学生类进行初始化。

任务描述

在实现成绩管理系统的过程中学会使用 Python 中的对象初始化。

对象初始化实现类到对象的实例化

知识准备

1. 构造方法与析构方法

Python 中有一些内置的方法，这些方法的命名往往比较特殊。通常地，方法名以两个下划线开始并以两个下划线结束。在一个基础类中，最常用的就是构造方法与析构方法。

构造方法 __init__(self,...) 在生成对象时被调用，可以用来进行初始化操作，不需要编程人员显性地调用，系统会默认执行。当然，用户也可以重新定义构造方法，如果用户没有自定义，则系统自动默认执行构造方法。

析构方法 __del__(self) 在释放对象时被调用，可以在其中进行释放内存资源等操作，同样也不需要显性地调用。

```
class Student:
    def__init__(self,name):
        print("__init__",self,name)
        self.name=name

    def__del__(self):
        print("__del__",self)

    def show(self):
        print(self,self.name)
s=Student("Tom")
s.show()
print(s)
```

执行结果：

```
__init__ <__main__.Student object at 0x00000015C4DA72E8> Tom Tom <__main__.Student object at 0x00000015C4DA72E8> <__main__.Student object at 0x00000015C4DA72E8> __del__ <__main__.Student object at 0x00000015C4DA72E8>
```

在执行 s=Student() 语句时建立一个 Student 类的对象实例 s，会自动调用 __init__ 函数，并向该函数传递了两个参数，一个是对象实例 s 传递给了 self，一个是 "Tom" 传递给了 name 参数，于是在 __init__ 中可以看到：

```
__init__ <__main__.Student object at 0x00000015C4DA72E8> Tom
```

0x00000015C4DA72E8 是 s 对象的内存地址。

接着执行 s.show()，它是实例 s 进行调用的，于是会把 s 实例传递给 self 参数，在 show 中可以看到：

```
<__main__.Student object at 0x00000015C4DA72E8> Tom
```

这个 self 地址与 s 实例的地址是一样的，是同一个对象。在执行 print(s) 时也可以看到：

```
<__main__.Student object at 0x00000015C4DA72E8>
```

主程序中的 s 对象也是这个地址。

程序结束时自动销毁对象 s，于是看到 __del__ 函数执行：

```
__del__ <__main__.Student object at 0x00000015C4DA72E8>
```

2．对象的初始化

构造函数 __init__ 是创建对象实例时自动调用的，可以在这个函数中对实例对象的属性进行初始化，如下：

```
class Student:
    def __init__(self,name,gender,age):
        self.name=name
        self.gender=gender
        self.age=age

    def show(self):
        print(self.name, self.gender, self.age)


s=Student("Tom", "male",19)
p.show()
```

执行结果：

```
Tom male 19
```

需要注意的是，在 Python 中只有一个 _init_ 函数，通过修改 _init_ 函数中包含 self 的方法可以实现方法的重载。例如：

```
s=Student("Tom")
```

上述代码是错误的，因为 __init__ 需要 4 个参数（包括 self），而这里只给它提供了两个参数，因此是不合法的。如果修改 __init__ 的定义，使它带默认参数即可，如下：

```
class Student:
    def __init__(self, name="",gender="male",age="18"):
        self.name=name
        self.gender=gender
        self.age=age

    def show(self):
        print(self.name, self.gender, self.age)


s1=Student("Tom", "male",19)
s2=Student("Tom", "female")
s3=Student("Tom")
s1.show()
s2.show()
s3.show()
```

以上 s1，s2，s3 的初始化均正确，输出结果如下：

```
Tom male 19
Tom female 18
Tom male 18
```

3. 实例方法的理解与使用

通过上述知识的学习，类在实例方法中至少带有一个参数，并且第一个参数通常被命名为 self，在实例对象调用该方法时会把实例自己传递给该 self 参数。以下示例尝试打印该参数。

```
class Student:
  def __init__(self,name="",gender="",age=18):
    self.name=name
    self.gender=gender
    self.age=age

  def show(self):
    print(self)
    print(self.name,self.gender,self.age)

s=Student("Tom", "male", 21)
Student.show(p)
s.show()
```

输出结果：

```
<__main__.Student object at 0x000000C395A47710>
Tom male 21
<__main__.Student object at 0x000000C395A47710>
Tom male 21
```

可以看到，Student.show(p) 和 s.show() 输出结果是一样的，只是前者直接把实例 p 传递给 self 参数，而后者调用时 p 默认自动传递给 show 的是 self，因此在 show 中都可以使用 self.name、self.gender、self.age 去访问对象 p 的属性。

任务实施

在前面的任务中已经实现了 Student 类的定义，这里只需要完成对象的初始化。

任务实训

【实训内容】

在实现学生成绩管理系统的过程中学会使用 Python 中的对象初始化。

【实训目的】

1. 掌握 Python 中对象的初始化。
2. 掌握类的定义。

【实训步骤】

1. 启动 PyCharm，创建新的 Python 文件，项目名称为 StudentTest。

2．分别实现 Student 类的对象初始化。

3．通过按组合键 Shift+F10 或者右击文件名，在弹出的快捷菜单中选择 Run 'StudentScore' 运行程序，查看运行结果是否和预想的一致。

任务 3　类的继承与多态

继承与多态是面向对象的特点之一。例如要编写毕业生类，包含姓名、性别、专业、系别、就业单位、就业时间等属性，就没有必要重新开始，只需要从 Student 类派生出 Graduate，在派生的过程中增加系别、就业单位和时间等属性即可。本任务目标是掌握派生与继承的方法，从 Student 类派生出 Graduate 类。

任务描述

定义一个毕业生类 Graduate，包含姓名、性别、年龄，还包含所学专业 major、所在学院 dept、就业单位 address、就业时间 time。不需要重新定义，要求从已经定义的 Student 类派生与继承过来。

知识准备

（1）派生与继承。

派生与继承是一组对应的概念，在面向对象编程中有一个很重要的概念就是子类和父类（或称基类）。而派生与继承实际上就是用来描述子类与父类的关系，也就是父类派生出子类，子类的属性和方法继承于父类。

（2）多态。

在刚接触到多态的概念时，可能有点难以理解。如果以前接触过类似 Java 这样的面向对象程序语言，多态就不会陌生。多态实际上就是指事物的多种形态，只不过在 Python 中有特定的表现形式。

类的继承

1. Python 中的派生与继承

在介绍派生与继承之前，先来看一个示例。

```
class Student:
    def __init__(self,name,gender,age):
        self.name=name
        self.gender=gender
        self.age=age

    def show(self, end='\n'):
        print(self.name,self.gender,self.age,end=end)

class Graduate(Student):
```

```
    def __init__(self,name,gender,age,major,dept,address,time):
        Student.__init__(self,name,gender,age)
        self.major=major
        self.dept=dept
        self.address=address
        self.time=time

    def show(self):
        Student.show(self,'  ')
        print(self.major, self.dept,self.address,self.time)

g=Graduate("Tom", "male", 21, "Cloud Computing", "Computer", " 重庆 ",2019-6-20)
g.show()
```

运行结果：

```
Tom male 20 Cloud Computing Computer 重庆 2019-6-20
```

首先，我们把之前定义的 Student 类拿过来使用，然后派生出 Graduate 类，并在原来姓名、性别、年龄等属性的基础上增加专业、学院、就业地址、就业时间等属性。在这个示例中，Student 被称为 Graduate 的基类，Graduate 被称为 Student 的派生类。即它们的关系为：Student 派生出 Graduate，Graduate 继承自 Student。

类的多态：龙生九子各有不同

2. 多态

Python 中的多态是指一类事物有多种形态，比如动物有狗、猫、猪等。

```
import abc
class Animal(metaclass=abc.ABCMeta):         # 同一类事物：动物
    @abc.abstractmethod
    def talk(self):
        pass

class People(Animal):                        # 动物的形态之一：人
    def talk(self):
        print('say hello')

class Dog(Animal):                           # 动物的形态之二：狗
    def talk(self):
        print('say wangwang')

class Pig(Animal):                           # 动物的形态之三：猪
    def talk(self):
        print('say aoao')
```

Python 的多态性是指在不考虑实例类型的情况下使用实例，也就是说不同类型的实例有相同的调用方法。比如人、猫、狗等只要是继承了 Animal，就可以直接调用它的 talk() 方法。

```
peo=People()
dog=Dog()
pig=Pig()
```

```
# peo、dog、pig 都是动物，只要是动物肯定有 talk 方法
# 于是可以不用考虑它们三者的具体类型而直接使用
peo.talk()
dog.talk()
pig.talk()

# 更进一步，可以定义一个统一的接口来使用
def func(obj):
    obj.talk()
```

这样做的好处如下：

- 增加了程序的灵活性。以不变应万变，不论对象怎样千变万化，使用者都是使用同一种形式去调用，如 func(animal)。
- 增加了程序的可扩展性。通过继承 Animal 类创建了一个新的类，使用者无须更改自己的代码，而是用 func(animal) 去调用。

任务实施

在 Student 类的基础上定义其派生类 Graduate，并增加其额外的属性。

任务实训

【实训内容】

定义一个毕业生类 Graduate，包含姓名、性别、年龄，还包含所学专业 major、所在学院 dept、就业单位 address、就业时间 time。不需要重新定义，要求从已经定义的 Student 类派生与继承过来。

【实训目的】

掌握派生类的用法，并完成继承方法和属性的定义。

【实训步骤】

1. 在 PyCharm 中新创建一个 Python 文件。
2. 新建 Student 类。
3. 在 Student 基础上新建 Graduate 类，并完成属性的添加和已有属性方法的继承。
4. 运行该文件。

单元小结

本单元首先介绍了类与对象的定义，然后介绍了对象初始化及初始化过程中应该注意的事项，最后介绍了类的继承与多态。

思考与练习

1．定义一个数学中的复数类 Complex，该类有一个构造函数和一个显示函数，建立一个 Complex 对象，调用设计的显示函数并显示。

2．定义一个计算机类 MYComputer，该类包含 CPU 类型（String 类型）、RAM 内存大小（Integer 类型）、HD 硬盘大小（Integer 类型），设计它的构造函数，再设计一个显示函数，建立一个 Complex 对象，调用设计的显示函数并显示。

3．设计一个整数类 MYInteger，该类有一个整数变量，并有一个 Value 属性，可以通过 Value 存取该变量的值，还有一个转二进制字符串的成员函数 toBin 和一个转十六进制字符串的成员函数 toHex。

4．建立一个普通人员类 Person，该类包含姓名（m_name）、性别（m_gender）、年龄（m_age）成员变量。

（1）建立 Person 类，包含 m_name、m_sex、m_age 成员变量。

（2）建立 Person 的构造函数。

（3）建立一个显示函数 Show()，并显示该对象的数据。

（4）派生一个学生类 Student，增加班级（m_class）、专业（m_major），并设计这些类的构造函数。

（5）建立 m_class、m_major 对应的属性函数 sClass()、sMajor()。

（6）建立显示成员函数 Show()，显示该学生对象的所有成员数据。

5．建立一个时间类 Time，该类包含时（hour）、分（minute）、秒（second）的实例属性。

（1）设计时间显示函数 show(self)。

（2）设计一个时间大小比较函数 compare(self,t)，其中 t 是另外一个时间变量。

随手笔记

单元 8　异常与异常处理

单元导读

利用 PyCharm 集成开发工具编写 Python 代码时，我们经常会遇到运行出错的情况。当程序出现错误时，程序会立刻终止执行，运行结果达不到预期。那么出现这种情况，我们有没有对应的机制来处理呢？带着这样的疑问我们开始本单元内容的学习。

教学目标

- 掌握异常概念。
- 掌握异常语句的使用。
- 掌握异常抛出。
- 掌握自定义异常。

任务 1　异常基础

在生活中我们经常使用互联网产品，对用户进行登录认证是不可或缺的一步。无论是 App 还是网页登录都会对用户账号进行有效验证，一方面提高安全性，另一方面防止恶意操作。利用 Python 我们也可以实现用户登录验证功能，为了对账号进行规范化，提出了以下认证要求：

- 用户名长度必须控制在 3 到 8 之间。
- 用户名必须为字母。
- 密码长度必须为 6。
- 密码必须是数字或字母。

上述 4 项条件同时满足用户才能通过验证。

任务描述

从键盘输入用户名和密码，根据上述认证要求判断账户是否合法，如不满足其中要求给出相应的提示，满足则验证通过。

知识准备

认识异常：你的错误我来买单

1. 认识异常

程序在运行时，如果 Python 解释器遇到错误会停止程序的执行，打印出错误信息，这就是异常。异常是一个事件，该事件会在程序执行过程中发生，影响程序的正常执行。一般情况下，在 Python 中无法正常处理程序时就会发生异常，异常是 Python 的一个对象，表示错误的发生。当 Python 脚本发生异常时，我们需要捕获并处理异常，否则程序就会终止执行。

程序停止执行并且提示错误信息这个动作通常称为抛出异常。

程序开发时很难将所有的特殊情况都处理得面面俱到，通过异常捕获可以针对突发事件作集中处理，从而保证程序的稳定性和健壮性。

发生异常时系统会如何处理呢？示例如下：

```
print("------->start")
a = b +c
print("------->end")
```

运行结果如图 8-1 所示。

```
Traceback (most recent call last):
-------->start
  File "F:/PycharmProjects/TextbookWrite/Exception/Exception01.py", line 2, in <module>
    a = b +c  ──→ 报错语句                                                   ↓
NameError: name 'b' is not defined ──→ 报错信息                            报错行数
```

图 8-1　Python 运行错误信息

控制台错误信息包含报错行数、报错语句、报错异常类型等。通过对错误信息的分析能够准确定位错误的位置和原因，这对于代码的调试和修改来说很有帮助。

2. 异常语句

（1）异常捕获 try 语句。

当发生异常时，我们需要对异常进行捕获，然后进行相应的处理。Python 异常捕获常用 try…except 结构，把可能发生错误的语句放在 try 模块里，用 except 来处理异常，每一个 try 都必须至少对应一个 except。

Python 异常相关关键字如表 8-1 所示。

表 8-1　Python 异常关键字

关键字	说明
try/except	捕获异常并处理
pass	忽略异常
as	定义异常实例（except MyError as e）
else	如果 try 中的语句没有引发异常，则执行 else 中的语句
finally	无论是否出现异常都执行的代码
raise	抛出 / 引发异常

捕获异常的语法格式如下：

```
try:
    需要执行的操作
except 异常类 as e:
    如果发生异常，执行以下代码
else:
    如果没有发生异常，执行的命令
finally:
    无论如何都要执行的代码
```

注意：

① 注意 except as e 的写法，e 是一个变量，记录了异常的类，可以打印异常信息。

② except 后面的异常类建议用 Exception，任何异常都能捕获。

③ 捕获到异常不会去执行 else 模块。

异常捕获示例如下：

```
try:
name = input(' 请输入姓名：')
    print('Hello %s' %name)
    print(10/0)
except Exception as e:
    print(' 发现异常：', e)
finally:
    print(' 程序执行完毕 ')
```

运行结果如图 8-2 所示。

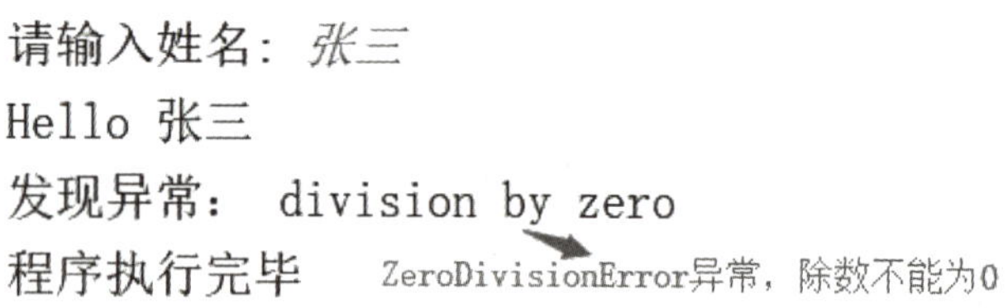

图 8-2　ZeroDivisionError 异常捕获

在 Python 中，try 语句主要是用于处理程序正常执行过程中出现的一些异常情况，如语法错误（Python 作为脚本语言没有编译环节，在执行过程中对语法进行检测，出错后抛出异常信息）、数据除零错误、从未定义的变量上取值等。

try 语句可细分为以下 4 种模式：

- try…except 语句。
- try…except…finally 语句。
- try…except…else 语句。
- try (with)…except 语句。

异常语句一：捕获你，没道理

1）try …except 语句。

语法格式如下：

```
try:
    [ 语句块 ]
except Exception[as reason]:
    出现异常后的处理代码
```

语法格式中的“[语句块]”属于 try 语句的检测范围，它类似于 while 循环、for 循环、if…else 语句。except 后面跟上异常的名字，as reason 提供异常的具体内容，并输出详细异常信息。“出现异常后的处理代码”这部分是用户在出现异常后编写处理代码的地方。

try…except 语句示例如下：

```
s = 'hello'
try:
    int(s)
except Exception as e:
    print(e)
```

运行结果如图 8-3 所示。

```
invalid literal for int() with base 10: 'hello'
```

图 8-3　类型转换异常捕获

2）try…except…finally 语句。

语法格式如下：

```
try:
    [ 语句块 ]
except Exception[as reason]:
    出现异常后的处理代码
finally:
    无论如何都会被执行的代码
```

在上述语法中，一旦检测到 try 语句块中有任何异常，程序就会根据异常类型跳转到 except 处执行对应异常类型的处理代码，最后再跳转到 finally 处执行其中的代码。如果在 try 语句块中没有检测到任何异常，程序在执行完 try 语句块里的代码后跳过 except 中的语句块，最后跳转到 finally 处执行其中的代码。

try…except…finally 语句示例如下：

```
try:
    s = 3 + "5"
except Exception as e:
    print(e)
finally:
    print(" 程序运行结束 ")
```

运行结果如图 8-4 所示。

```
unsupported operand type(s) for +: 'int' and 'str'
程序运行结束
```

图 8-4　操作异常捕获

异常语句二：不走寻常路

3）try…except…else 语句。

语法格式如下：

```
try:
    [ 语句块 ]
except Exception[as reason]:
    出现异常后的处理代码
else:
    没有异常后被执行的代码
```

在上述语法中，一旦检测到 try 语句块中有任何异常，程序就会根据异常类型跳转到 except 处执行对应异常类型的处理代码，最后终止程序的执行。如果在 try 语句块中没有检测到任何异常，那么，程序在执行完 try 语句块中的代码后跳转到 else 处执行其中的代码。

try…except…else 语句示例如下：

```
try:
    a = int(input(' 请输入 a 的值：'))
    b = int(input(' 请输入 b 的值：'))
    c = a/b
except Exception as e:
    print(e)
else:
    print('a/b 的结果为：{}'.format(c))
```

运行结果如图 8-5 和图 8-6 所示。

```
请输入a的值：8
请输入b的值：w
invalid literal for int() with base 10: 'w'
```

图 8-5　数字转换异常捕获

```
请输入a的值：8
请输入b的值：2
a/b的结果为：4.0
```

图 8-6　无异常捕获

4）try (with)…except 语句。

语法格式如下：

```
try:
    with < 语句 > as name:
    [ 语句块 ]
except Exception[as reason]:
    出现异常后的处理代码
```

在语法格式中可见，with 语句出现在 try 语句块中，一般情况下就不用再写 finally 语句块了。使用 with 语句的最大好处是减少代码量。

try (with)…except 语句示例如下：

```
try:
    with open("a.txt") as f :
        print(" 正在打开文件 ......")
except Exception as e:
    print(e)
```

运行结果如图 8-7 所示。

```
[Errno 2] No such file or directory: 'a.txt'
```

图 8-7　文件读取异常捕获

（2）异常错误类型。

在程序执行时可能会遇到不同类型的异常，需要针对不同类型的异常作出不同的响应，有针对性地处理这些异常，这时就需要对错误类型进行匹配和处理。

Python 中常见的异常类型如表 8-2 所示。

表 8-2　Python 中常见的异常类型

异常	描述
NameError	未声明 / 初始化对象（没有属性）
ZeroDivisionError	除（或取模）零（所有数据类型）
SyntaxError	语法错误
IndexError	序列中没有此索引
KeyError	映射中没有此键
IOError	输入 / 输出操作失败
AttributeError	未知的对象属性
ValueError	传入无效的参数

语法基本格式如下：

```
try:
  # 尝试执行的代码
  pass
except 错误类型 1:
  # 针对错误类型 1 对应的代码处理
  pass
except ( 错误类型 2, 错误类型 3):
  # 针对错误类型 2 和 3 对应的代码处理
  pass
except Exception as result:
  print(" 未知错误 %s" % result)
```

异常捕获示例：提示用户输入一个整数，用 8 除以这个整数并且输出。

```
try:
  num = int(input(" 请输入整数："))
  result = 8 / num
  print(result)
except ValueError:
  print(" 提示：请输入正确的整数 ")
except ZeroDivisionError:
  print(" 提示：除数不能为 0")
```

运行结果如图 8-8 至图 8-10 所示。

```
请输入整数：16
0.5
```

图 8-8　无异常捕获

```
请输入整数：w
提示：请输入正确的整数
```

图 8-9　ValueError 异常捕获

```
请输入整数：0
提示：除数不能为0
```

图 8-10　ZeroDivisionError 异常捕获

任务实施

用户通过键盘输入用户名和密码，根据指定的规则判定用户是否合法，如不合法给出相应的提示，满足则通过验证。

根据前文中列出的用户名和密码规则分析，用户名必须是字母，且长度为 3 ～ 8，密码必须是数字和字母，长度为 6。

在 PyCharm 中新建一个 Python 文件并命名为 ValidateLogin，在此文件中编写 Python 代码，如下：

```
# 自定义异常类型
class nameqes(Exception):
    pass
class pwdques(Exception):
    pass

# 定义方法，检查密码输入状态
def checklogin(username,userpwd):
    if len(username) < 3 or len(username) > 8:
        raise nameqes(" 提示：用户名长度为 3 ～ 8")
    if not username.isalpha():
        raise  nameqes(" 提示：用户名必须是字母 ")
    if len(userpwd)!=6:
        raise pwdques(" 提示：密码长度为 6")
    if not userpwd.isalnum():
        raise pwdques(" 提示：密码必须是数字或字母 ")

username = input(" 请输入用户名：")
userpwd = input(" 请输入密码 ：")

# 捕获异常
try :
    checklogin(username,userpwd)
except nameqes as e:
    print(str(e))
except pwdques as ee:
```

```
        print(str(ee))
    else:
        print(" 提示：恭喜！用户名密码验证通过 ")
```

运行结果如图 8-11 至图 8-15 所示。

```
请输入用户名：ab
请输入密码 ：123456
提示：用户名长度为3～8
```

图 8-11　用户名长度不匹配

```
请输入用户名：8899
请输入密码 ：123456
提示：用户名必须是字母
```

图 8-12　用户名内容不匹配

```
请输入用户名：admin
请输入密码 ：12345
提示：密码长度为6
```

图 8-13　密码长度不匹配

```
请输入用户名：admin
请输入密码 ：12345@
提示：密码必须是数字或字母
```

图 8-14　密码内容不匹配

```
请输入用户名：admin
请输入密码 ：123456
提示：恭喜！用户名密码验证通过
```

图 8-15　用户验证通过

任务实训

【实训内容】

猜数字游戏：系统随机生成一个 10 以内的整数，判断用户输入的数字与系统产生的数字是否匹配。用户输入不是数字，提示用户“输入错误！请重新输入 1 ～ 10 的整数”。

当用户输入的是整数，与系统产生的数字匹配，如果偏小，提示用户“数字小了”；如果偏大，提示用户“数字大了”；如果匹配上，提示用户“恭喜你，猜中数字，游戏结束”。

【实训目的】

1．掌握 Python 随机数的应用。

2．掌握 while 循环的使用。

3．掌握异常处理语句的使用。

【实训步骤】

1．启动 PyCharm，创建新 Python 文件。

2．在 Python 文件中随机生成一个 10 以内的整数。

3．使用 while 循环控制程序运行。

4．使用 input() 函数接收用户输入的数字。

5．使用 try 语句处理输入异常。

6．使用 if 语句判断匹配结果。

7．通过按组合键 Shift+F10 或者右击文件名，在弹出的快捷菜单中选择 Run 试运行该程序，查看运行结果是否和预想的一致。

任务 2　异常使用

掌握了异常的概念、异常语句、异常处理，那么如何合理使用异常就变得尤为重要。有效地处理异常可以增加程序的健壮性，减少程序出错的次数，并且在出错后仍能保证程序正常执行。

任务描述

自定义异常，识别用户输入的性别是否有误。用户性别包含“男”和“女”，如输入正确，打印用户性别；输入不正确，打印提示信息“性别不详”。

知识准备

1．异常抛出

程序运行中代码执行出错，Python 解释器会抛出异常。根据应用程序特有的业务需求，在程序的某些地方也会主动抛出异常，通知调用该代码的程序有错误发生。异常可以作为代码运行的标识，通过主动触发异常可以改变代码的运行路线，从而提高代码的健壮性。

Python 中提供了一个 Exception 异常类，特定业务要求抛出异常时可以创建一个 Exception 对象，使用 raise 关键字抛出异常。

raise 语法格式如下：

```
raise [Exception [, args [, traceback]]]
```

语法格式中的 Exception 是异常类型（如 ValueError）。参数是异常参数值，为可选参数。如果不提供，异常参数默认是 "None"。最后一个参数是跟踪异常对象，为可选参数（在实践中很少使用）。

异常抛出示例如下：

```
def not_zero(num):
    try:
        if num == 0:
            raise ValueError(' 提示：参数为 0，输入无效 ')
        return num
    except Exception as e:
        print(e)
```

情况一：用户输入参数为 0。

```
not_zero(0)
```

运行结果如图 8-16 所示。

```
提示：参数为0，输入无效
```

图 8-16 ValueError 异常抛出

情况二：用户输入参数不为 0。

```
print(" 您输入的参数为："+str(not_zero(2019)))
```

运行结果如图 8-17 所示。

```
您输入的参数为：2019
```

图 8-17 异常抛出

2. 自定义异常

实际开发中，系统提供的异常类型不能完全满足开发的需要，这时可以通过创建一个新的异常类来拥有自己的异常。Python 允许用户自定义异常，用于描述 Python 中没有涉及的异常情况，自定义异常必须继承 Exception 类，并按照命名规范以 "Error" 结尾，显式地告诉用户这是异常。自定义异常使用 raise 语句抛出，而且只能通过人工方式触发。

自定义异常：自我检查

为了更好地掌握 Python 异常自定义，我们需要了解 Python 异常继承树，如图 8-18 所示。

根据图中的继承关系，我们可以看出 BaseException 是所有异常的基类，Exception 继承于它，常规的异常类型继承于 Exception。自定义异常属于常规异常的一种，所以我们自定义类必须继承 Exception。

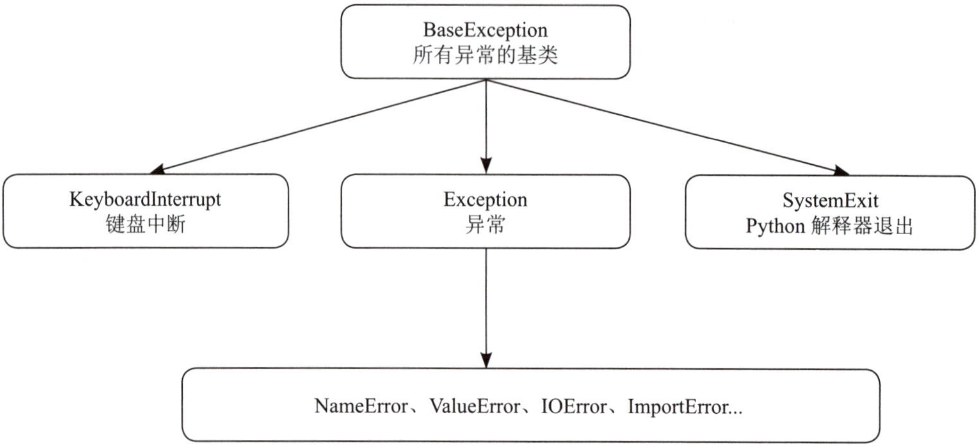

图 8-18　异常继承树

自定义异常示例：编写加法计算器，加数只接收整数，当输入不是整数时引发异常。

```
class CalcErorr(Exception):
    pass

class NumErorr(CalcErorr):
    def __init__(self,numA,numB):
        self.numA=numA
        self.numB=numB

    def __str__(self):
        return " 本计算器只接收整数 !"

def calculator(a,b):
    try:
        if type(a)!=int or type(b)!=int:
            raise NumErorr(a,b)
    except Exception as e:
        print(e)
    else:
        c=a+b
        return c
```

情况一：用户输入非整数时。

```
A = calculator(33.3,66)
```

运行结果如图 8-19 所示。

本计算器只接收整数!

图 8-19　自定义异常抛出

情况二：用户输入整数时。

```
A = calculator(33,66)
print(A)
```

运行结果如图 8-20 所示。

99

图 8-20　加法计算器运行结果

任务实施

用户自定义异常：从键盘输入用户性别，当输入“男”或“女”时，表示正确，不主动抛出异常，并打印用户性别；用户输入性别有误时，主动抛出异常，打印提示“性别不详”。

在 PyCharm 中新建一个 Python 文件并命名为 GenderException，在此文件中编写 Python 代码：

```
# 自定义异常
class GenderException(Exception):
    pass

# 定义 sex 函数
def sex():
    a = input(" 请输入性别：")
    if a not in (" 男 ", " 女 "):
        raise GenderException(" 提示：性别不详 ")
    print(a)

# 用 try…except…处理异常
try:
    sex()
except GenderException as error:
    print(error)
```

运行结果如图 8-21 和图 8-22 所示。

请输入性别：*男*
男

图 8-21　无异常运行结果

请输入性别：*你*
提示：性别不详

图 8-22　自定义异常 GenderException 抛出

任务实训

【实训内容】

编写控制台应用程序，从键盘输入一个字符 A，判断其是否为数字，如果不是抛出自定义异常，提示“捕获自定义 HelloError 异常，您输入的 A 不是数字”；如果是数字，提示“输入字符为数字，正确”，并利用 try…except…else 语句捕获异常，保证程序的正常运行。

【实训目的】

1. 掌握自定义异常的使用。
2. 掌握 try…except…else 语句的使用。
3. 掌握 isdigit() 函数的使用。

【实训步骤】

1. 启动 PyCharm，创建新的 Python 文件，命名为 Isdigit。
2. 在 Isdigit.py 文件中自定义异常 HelloError。
3. 使用 try…except…else 语句监听用户输入。
4. 使用 isdigit() 函数判断输入是否是数字。
5. 使用 raise 抛出自定义异常。
6. 通过按组合键 Shift+F10 或者右击文件名，在弹出的快捷菜单中选择 Run 'StudentScore' 运行程序，查看运行结果是否和预想的一致。

单元小结

本单元主要介绍 Python 异常，包括异常的概念、如何运用 try…except 异常语句捕获系统异常、通过 raise 关键字主动抛出异常，以及如何继承 Exception 自定义异常。

通过本单元的学习，我们能够更好地理解 Python 异常处理的机制和流程，提高程序的安全性和稳定性，同时更好地学习和理解 Python 语言。

思考与练习

一、单选题

1. 下列程序运行以后，会产生（　　）异常。

```
def test:
    print(123)
```

A．SyntaxError　　B．NameError　　C．IndexError　　D．KeyError

2. 下列选项中，（　　）是不在运行时发生的异常。

A．ZeroDivisionError　　B．NameError

C．SyntaxError　　　　D．KeyError

3．当 try 语句中没有任何错误信息时，一定不会执行（　　）语句。

A．try　　B．else　　C．finally　　D．except

4．在完整的异常语句中，语句出现的正确顺序是（　　）。

A．try → except → else → finally　　B．try → else → except → finally

C．try → except → finally → else　　D．try → else → else → except

5．下列选项中，用于触发异常的是（　　）。

A．try　　B．catch　　C．raise　　D．except

二、填空题

1．Python 中自定义异常时，用于主动抛出异常的关键字是 ________。

2．一个 try 语句对应一个 __________ 子句。

3．当使用序列中不存在 __________ 时会引发 IndexError 异常。

4．Python 中所有的异常类都是 __________ 子类。

三、简答题

1．简述什么是异常。

2．常见的异常类型有哪些？

四、编程题

编写代码，实现计算减法功能，当被减数小于减数时，抛出“被减数不能小于减数”的异常。

随手笔记

单元 9　Python 文件操作

单元导读

我们经常操作磁盘文件，常见的有 PowerPoint、Word、Excel 文件，一般通过特定的软件打开和编辑文件。如果不依靠外部软件，通过程序可以操作文件吗？答案是肯定的。Python 提供了操作文件的方法，这就是本单元的主要学习内容。

教学目标

- 掌握文件读取。
- 掌握文件写入。
- 掌握文件编码。
- 了解二进制文件。

任务 1　读取与写入

若想由 Python 或其他编程语言编写的应用程序把数据永久保存下来，必须将数据保存在硬盘中，这就涉及了应用程序操作硬件的范畴，但是应用程序是无法直接操作硬件的，需要通过操作系统来完成。操作系统把复杂的硬件操作封装成简单的接口给用户或应用程序使用，其中文件就是操作系统提供给应用程序来操作硬盘的虚拟概念，用户或应用程序通过操作文件可以将自己的数据永久保存下来。

任务描述

根据用户提供的文本文件路径读取文件中的数据，并分析文件中各个字母出现的次数（不区分字母大小写）。

知识准备

文件读取：
偷走你的心

1．文件读取

文件是计算机中数据持久化存储的表现形式，利用存储设备可以长期存储计算机的文件数据。常见的存储设备有硬盘、U 盘、移动硬盘、光盘等，利用编程语言可以从中读取和写入数据。

（1）文件操作步骤。

在计算机中操作文件的步骤比较固定，一般包含 3 个步骤，如图 9-1 所示。

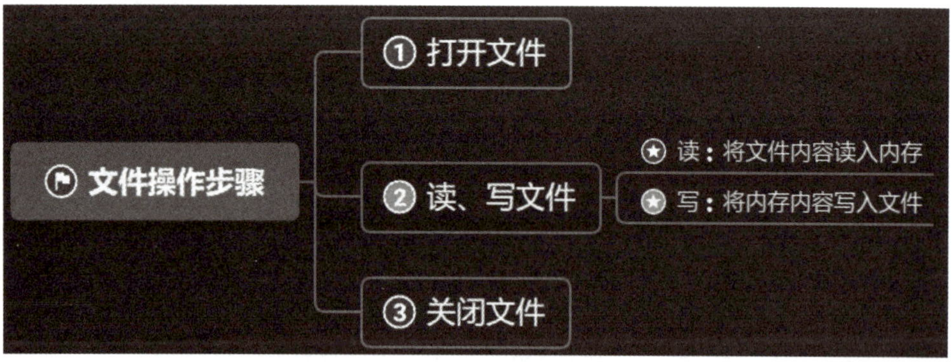

图 9-1　文件操作步骤

（2）操作文件的函数 / 方法。

在 Python 中要操作文件需要记住 1 个函数和 3 个方法，如表 9-1 所示。

表 9-1　Python 文件函数 / 方法

序号	函数 / 方法	说明
1	open	打开文件，并且返回文件操作对象
2	read	将文件内容读取到内存中
3	write	将指定内容写入文件
4	close	关闭文件

- open：该函数负责打开文件，并且返回文件对象。
- read/write/close：3 个方法都需要通过文件对象来调用。

（3）打开文件。

建立磁盘文件与程序中对象的关联，程序中叫打开文件，一旦文件被打开，文件的内容就可以通过相关的文件对象获取。

在读取或写入一个文件之前，必须使用 Python 内置的 open() 函数打开文件，该函数返回一个文件对象。

语法格式如下：

```
file object = open(file_name [, access_mode][, buffering])
```

参数详细说明如下：

- file_name：文件名参数，包含要访问的文件名的字符串值。
- access_mode：指定文件的打开方式，即读、写、追加等，默认文件访问模式是读（r）。
- buffering：缓冲值，如果被设置为 0，则表示不使用缓冲；如果设置为 1，则在访问一个文件时进行缓冲。

D: 盘下存在 tcst.txt 文件，以默认方式打开该文件，示例如下：

```
file = open("D:\\test.txt")
print(file)
```

运行结果如图 9-2 所示。

```
<_io.TextIOWrapper name='D:\\test.txt' mode='r' encoding='cp936'>
```

图 9-2　文件打开成功

通过结果分析，open() 函数打开文件返回文件对象信息，包括对象数据类型（io.TextIOWrapper）、文件路径（name='D:\\test.txt'）、文件打开模式（mode='r'）、文件编码（encoding='cp936'）。

（4）文件模式。

访问文件有多种模式，以不同模式打开文件对文件的读写有不同的影响。文件访问模式如表 9-2 所示。

表 9-2　Python 文件访问模式

模式	描述
r	打开一个文件为只读，文件指针被放置在文件的开头，这是默认模式
rb	打开一个文件只能以二进制格式读取，文件指针被放置在文件的开头
r+	打开用于读和写文件，文件指针置于该文件的开头
rb+	打开用于读取和写入二进制格式的文件，文件指针置于该文件的开头
w	打开一个文件只写，如果文件存在覆盖该文件，如果该文件不存在，则创建写入的新文件
wb	打开一个文件只能以二进制格式写入，如果文件存在覆盖该文件，如果该文件不存在，则创建写入的新文件
w+	打开文件为写入和读取模式，如果文件存在覆盖现有文件。如果该文件不存在，创建用于读写操作的新文件
wb+	打开用于以二进制格式写入和读取文件，如果文件存在覆盖现有文件。如果该文件不存在，创建用于读写操作的新文件
a	打开用于追加的文件，如果该文件存在，文件指针将放在该文件的末尾。也就是说，如果该文件存在，以追加模式打开。如果该文件不存在，它会创建一个用于写入的新文件
ab	打开文件并以二进制格式追加，如果该文件不存在，创建一个新文件写入追加内容
a+	打开文件并为其设置追加和读取方式，该文件以追加模式打开。如果该文件不存在，创建用于读写操作的新文件
ab+	打开一个文件并采用附加和二进制格式读取模式。如果该文件存在文件指针，且在该文件的末尾，该文件以追加模式打开。如果该文件不存在，它将创建读写操作的新文件

D: 盘下不存在 test1.txt 文件，以默认方式打开文件，我们来看看会有什么情况发生，示例如下：

```
file = open("D:\\test1.txt")
print(file)
```

运行结果如图 9-3 所示。

```
Traceback (most recent call last):
  File "F:/PycharmProjects/TextbookWrite/File/File02.py", line 1, in <module>
    file = open("D:\\test1.txt")
FileNotFoundError: [Errno 2] No such file or directory: 'D:\\test1.txt'
```

图 9-3　文件打开失败

从上述程序运行结果可以看出，以默认只读方式（r）打开一个不存在的文件系统会抛出异常。为了避免上述情况的发生，现在需要编写代码实现这样一种功能，当打开文件时发现文件不存在就立刻创建文件，文件存在就直接打开，我们可以借助文件写模式（w）。

写模式示例如下：

```
file = open("D:\\test1.txt","w")
print(file)
```

运行结果如图 9-4 所示。

```
<_io.TextIOWrapper name='D:\\test1.txt' mode='w' encoding='cp936'>
```

图 9-4　文件打开成功

我们去 D: 盘下查看文件，发现 test1.txt 文件创建成功，这就是文件模式带给我们的好处。

（5）read() 方法。

read() 方法是从一个打开的文件中读取一个字符串，字符串中的内容可以是文本也可以是二进制数据。

语法格式如下：

```
fileObject.read([count]);
```

传递的参数是从打开的文件中读取的字节数，该方法从文件的开始读取，如果未传入 count 参数，则读取文件的全部内容，最后返回从文件中读取的字符串。

读取 D: 盘目录下的 test2.txt 文件，文件内容为“Python is so easy”。

示例如下：

```
f = open("D:\\test2.txt", "r")
str = f.read(8)
print(" 从文件中读取的数据：", str)
f.close()
```

运行结果如图 9-5 所示。

```
从文件中读取的数据： Python i
```

图 9-5　读取文件内容

（6）readline() 方法。

Python 的 readline() 方法用于从文件中读取整行数据，包括“\n”字符。如果指定了一个非负数的参数，则返回指定大小的字符数，包括“\n”字符。

语法格式如下：

```
fileObject.readline([size])
```

- 参数：size 为从文件中读取的字符数。
- 返回值：返回从字符串中读取的字符。

读取 D: 盘目录下的 test3.txt 文件，文件内容为：

```
你好，Python
我是新手
多多学习
```

按行读取 test3.txt 文件的操作示例如下：

```
f = open("D:\\test3.txt", "r")
line = f.readline()
print(" 读取第一行数据为：%s" % (line))
f.close()
```

运行结果如图 9-6 所示。

读取第一行数据为：你好，Python

图 9-6　读取文件内容

（7）readlines() 方法。

Python 提供的 readlines() 方法用于读取整个文件（所有行）到一个列表中，可以用 for…in…结构进行遍历，列表的每一行变成列表的每一个元素。

语法格式如下：

```
fileObject.readlines()
```

返回值：返回列表，包含所有行。

读取 test3.txt 文件所有行的数据，示例如下：

```
f = open("D:\\test3.txt", "r")
lines = f.readlines()
print(lines)
f.close()
```

运行结果如图 9-7 所示。

['你好，Python\n', '我是新手\n', '多多学习']

图 9-7　读取文件内容

文件写入：持久保存

2. 文件写入

对文件的操作本质就是对数据的操作，用户除了可以读取文件中的数据，也可以主动将数据写入文件中，实时更新文件内容。Python 允许用户将内容写入文件，进行持久化处理。

（1）write() 方法。

write() 方法允许用户将任何字符串写入到打开的文件中，需要注意的是，Python 字符串可以是二进制数据，而不仅仅是文本。write() 方法不会在字符串的末尾添加换行符（'\n'）。

语法格式如下：

```
fileObject.write(str)
```

- 参数：str 表示写入文件的字符串。
- 返回值：写入的字符串长度。

将下列内容写入 D: 盘 test4.txt 文件中。

```
Hello Python！
我是初学者！
请多多关照！
```

文件写操作示例如下：

```
f = open("D:\\test4.txt", "w")
f.write("Hello Python！ ")
f.write("\n")
f.write(" 我是初学者！ ")
```

```
f.write("\n")
f.write(" 请多多关照！ ")
f.close()
```

运行结果如图 9-8 所示。

图 9-8 数据写入成功

（2）writelines() 方法。

writelines() 方法用于向文件中写入字符串序列。该序列可以是由迭代对象产生的字符串，如一个字符串列表，换行需要指定换行符“\n”。

语法格式如下：

```
fileObject.writelines([str])
```

- 参数：str 表示要写入文件的字符串序列。
- 返回值：无返回值。

writelines() 语句示例如下：

```
f = open("D:\\test5.txt", "w")
seq = ["Python 是一种计算机程序设计语言。\n", " 它是一种面向对象的动态类型语言 "]
f.writelines(seq)
f.close()
```

运行结果如图 9-9 所示。

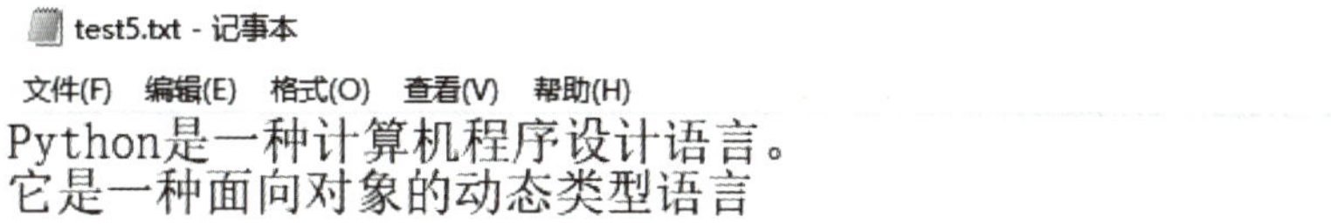

图 9-9 写入多行数据

（3）文件路径。

1）文件路径的概念。文件在计算机存储器（如硬盘）中保存的位置称为文件路径。

2）文件路径的分类。

- 相对路径：从程序运行所在的当前目录位置描述文件的保存路径，例如：

```
b.txt        当前目录下的 b.txt
a\\b.txt     当前目录的下级目录 a 中的 b.txt
a/c.txt      当前目录的下级目录 a 中的 c.txt
```

- 绝对路径：从系统定义的根目录存储位置描述文件的保存路径，例如：

```
D:\\a\b\c.txt
D:/a/b/c.txt
```

任务实施

在 D: 盘中新建一个 test.txt 文件，将“a，A，b，A，B，b，a，c，d”内容写入文件中。编写程序，根据用户提供的文本文件路径读取文件中的数据，并分析文件中各个字母出现的次数（不区分字母大小写）。

分析：文件路径这里采用绝对路径，即“D:\\test.txt”，利用循环语句遍历文件中的内容，对出现的字母进行计数。

在 PyCharm 中新建一个 Python 文件并命名为 FileLetterCount，在此文件中编写 Python 代码，如下：

```
# 输入文件路径，并且从中计算各个字母出现的次数
def main():
    filename = input(" 请输入文件路径：").strip()
    infile = open(filename,"r")
    counts = 26 * [0]
    for line in infile:
        countLetters(line.lower(),counts)
    for i in range(len(counts)):
        if counts[i] != 0:
            print(chr(ord('a') + i) + " 出现 " + str(counts[i])+ (" 次 " if counts[i] == 1 else " 次 "))
    infile.close()

def countLetters(line,counts):
    for ch in line:
        if ch.isalpha():
            counts[ord(ch) - ord('a')] += 1

main()
```

运行结果如图 9-10 所示。

```
请输入文件路径：D:\\test.txt
a 出现 4 次
b 出现 3 次
c 出现 1 次
d 出现 1 次
```

图 9-10　文件字符个数统计

任务实训

【实训内容】

现有一组水果数据，包括水果名、产地、销量排行、数量，数据表现形式为列表：

[[' 西瓜 ',' 兰州 ','first',20], [' 香蕉 ',' 西安 ','second',30], [' 苹果 ',' 银川 ','third',40], [' 橘子 ',' 四川 ','fourth',40]]。由于人工对水果数据进行统计既费时又费力，打算利用 Python 程序将列表数据导入到 Excel 中，解决用户手动统计水果数据的难题，最终统计效果如表 9-3 所示。

表 9-3 水果数据统计

水果	产地	销量排行	数量
西瓜	兰州	first	20
香蕉	西安	second	30
苹果	银川	third	40
橘子	四川	fourth	40

【实训目的】

1. 掌握 Python 的文件写入。
2. 掌握 for 循环的使用。
3. 掌握数据类型列表的使用。

【实训步骤】

1. 启动 PyCharm，创建新 Python 文件。
2. 在 Python 文件中定义列表变量用于接收水果数据。
3. 使用 open() 函数打开文件。
4. 使用 for 循环遍历列表数据。
5. 使用 write() 函数向 Excel 写入数据。
6. 使用 close() 函数关闭文件读写操作。
7. 通过按组合键 Shift+F10 或者右击文件名，在弹出的快捷菜单中选择 Run，试运行程序，查看运行结果是否和预想的一致。

任务 2 编码与特殊文件

相信大家偶尔会遇到这种情况，当打开一个文档时发现文档中的内容全是乱码，内容无法正常显示，造成文档信息丢失，这就是编码惹的祸。那么编码为什么会影响文档内容的显示呢？在计算机中所有数据的表示是 0 或 1，我们经常输入各类字符，并不是以 0 和 1 的形式输入，那么计算机怎么能正常执行呢？那是因为在我们输入字符的过程中，有一位“翻译官”在帮助我们将字符翻译成 0 或 1，而这个翻译官就是编码，这就是编码的作用。翻译的简易过程如图 9-11 所示。

图 9-11　编码翻译

任务描述

在学习计算机基础知识的过程中，我们需要了解各进制之间的转换，常见的进制有二进制、八进制、十进制和十六进制，其中十进制转换为二进制最为常见，利用 Python 我们也可实现这一功能。为了完成程序的编写，我们需要了解十进制转换为二进制的方法，具体过程为：将十进制数除以 2，得到的商再除以 2，依此类推，直到商等于 1 或 0 时为止，从下往上取除得的余数即为换算的二进制数结果，如图 9-12 所示。

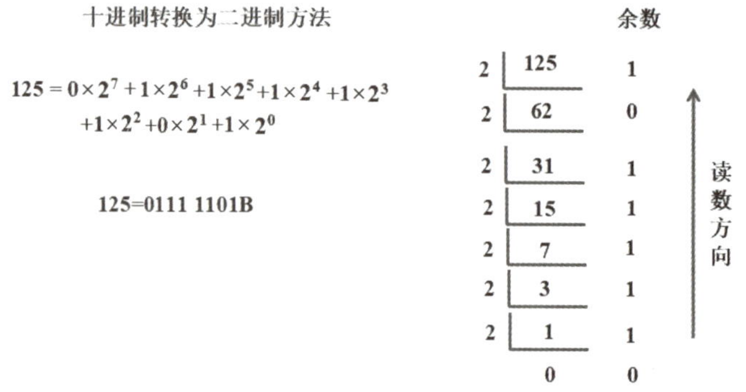

图 9-12　十进制转换为二进制

知识准备

1. 文件编码

计算机中存放的是 0 和 1 的二进制值，8 位对应一个字节，常用十六进制来表示。用户希望看到计算机把所存储的十六进制数值转化为对应的字符，包括英文和中文等其他语言的字符输出到屏幕上。所谓字符编码，就是定义了一套规则，指定计算机中存放的数值与字母的对应关系。

文本文件存储的内容是基于字符编码。Python 3 中字符串使用 Unicode 编码类型，默认编码方式是 UTF-8。所有文本字符串都是用 str 表示，字节字符串用 bytes 表示。

（1）常见字符编码。

1）ASCII 编码。ASCII 码是基于拉丁字母的一套计算机编码系统，主要用于显示现代英语和其他西欧语言。

使用 7 位二进制数（剩下的 1 位二进制数为 0）来表示所有的大写和小写字母、数字

0 ～ 9、标点符号以及在美式英语中使用的特殊控制字符。部分 ASCII 码如表 9-4 所示。

表 9-4　部分 ASCII 码

Bin（二进制）	Oct（八进制）	Dec（十进制）	Hex（十六进制）	缩写 / 字符	说明
0000 0000	00	0	0x00	NUL(null)	空字符
0000 0001	01	1	0x01	SOH(start of headline)	标题开始
0000 0010	02	2	0x02	STX (start of text)	正文开始
0000 0011	03	3	0x03	ETX (end of text)	正文结束
0000 0100	04	4	0x04	EOT (end of transmission)	传输结束
0000 0101	05	5	0x05	ENQ (enquiry)	请求
0000 0110	06	6	0x06	ACK (acknowledge)	收到通知
0000 0111	07	7	0x07	BEL (bell)	响铃

2）Unicode 编码。Unicode 是计算机科学领域里的一项业界标准，包括字符集、编码方案等。Unicode 是为了解决传统字符编码方案的局限性而产生的，它为每种语言中的每个字符设定了统一且唯一的二进制编码，以满足跨语言、跨平台进行文本转换和处理的要求。部分 Unicode 国际统一编码如表 9-5 所示。

表 9-5　部分 Unicode 国际统一编码

Range	Decimal	Name
0x0000 ～ 0x007F	0 ～ 127	Basic Latin
0x0080 ～ 0x00FF	128 ～ 255	Latin-1 Supplement
0x0100 ～ 0x017F	256 ～ 383	Latin Extended-A
0x0180 ～ 0x024F	384 ～ 591	Latin Extended-B
0x0250 ～ 0x02AF	592 ～ 687	IPA Extensions
0x02B0 ～ 0x02FF	688 ～ 767	Spacing Modifier Letters
0x0300 ～ 0x036F	768 ～ 879	Combining Diacritical Marks

3）UTF-8 编码。UTF-8 是一种针对 Unicode 的可变长度字符编码，它用 1 ～ 4 个字节编码 Unicode 字符，用在网页上可以统一页面显示中文简繁体及其他语言（如英文、日文、韩文等）。UTF-8 转换表如表 9-6 所示。

表 9-6　UTF-8 转换表

Unicode/UCS-4	位数	UTF-8	字节数	备注
0000 ～ 007F	0 ～ 7	0XXX XXXX	1	
0080 ～ 07FF	8 ～ 11	110X XXXX 10XX XXXX	2	

续表

Unicode/UCS-4	位数	UTF-8	字节数	备注
0800 ～ FFFF	12 ～ 16	1110 XXXX 10XX XXXX 10XX XXXX	3	基本定义范围：0 ～ FFFF
10000 ～ 1FFFFF	17 ～ 21	1111 0XXX 10XX XXXX 10XX XXXX 10XX XXXX	4	Unicode 6.1 定义范围：0 ～ 10 FFFF
200000 ～ 3FFFFFF	22 ～ 26	1111 10XX 10XX XXXX 10XX XXXX 10XX XXXX 10XX XXXX	5	此非 Unicode 的编码范围，属于 UCS-4 编码。早期的规范 UTF-8 可以达到 6 字节序列，可以覆盖到 31 位元（通用字符集原来的极限）。尽管如此，2003 年 11 月 UTF-8 被 RFC 3629 重新规范，只能使用原来 Unicode 定义的区域，即 U+0000 ～ U+10FFFF。根据规范，这些字节值将无法出现在合法的 UTF-8 序列中
4000000 ～ 7FFFFFFF	27 ～ 31	1111 110X 10XX XXXX 10XX XXXX 10XX XXXX 10XX XXXX 10XX XXXX	6	

（2）字符串与 Unicode 值互相转换。

获取业务数据时，有时会得到一个编码为 Unicode 的字符串列表，显然这种形式不适合阅读，我们需要将其转换为汉字输出。而当某个程序要求传递的参数为 Unicode 数值时，我们需要将字符串转换为 Unicode 编码值。

示例：字符串与 Unicode 值的互相转换，如下：

```
a = '你好中国'
# 从字符串转换到 Unicode 整数值
uni_hex = [ord(i) for i in a]
print(uni_hex)

# 打印十六进制 Unicode 值
print([hex(i) for i in uni_hex])

# 从 Unicode 数值获取字符
uni_chr = [chr(i) for i in uni_hex]
print(uni_chr)
```

运行结果如图 9-13 所示。

```
[20320, 22909, 20013, 22269]
['0x4f60', '0x597d', '0x4e2d', '0x56fd']
['你', '好', '中', '国']
```

图 9-13　字符串与 Unicode 值转换

（3）Python 3 中编码的使用。

Python 3 中使用编码保存或传输数据时需要进行以下操作：

- 字符串编码为字节。
- 字节解码成字符串。

编码和解码的示例如下：

```
a = ' 每一天都有好心情 '
print('Unicode str 长度：', len(a))

# 编码成 UTF-8 字节数组
utf_bytes = a.encode('utf-8')
print(type(utf_bytes))
print('UTF-8 字节数组长度：', len(utf_bytes))
print(utf_bytes)
# 从 UTF-8 解码成 Unicode 字符串
uni_chr = utf_bytes.decode()
print(type(uni_chr))
print(uni_chr)

# 编码成 GBK
gbk_bytes = a.encode('gbk')
print(type(gbk_bytes))
print('GBK 字节数组长度：', len(utf_bytes))
print(gbk_bytes)

# 从 GBK 解码到 Unicode 字符串
uni_chr = gbk_bytes.decode('gbk')
print(type(uni_chr))
print(uni_chr)
```

运行结果如图 9-14 所示。

```
Unicode str 长度： 8
<class 'bytes'>
UTF-8 字节数组长度： 24
b'\xe6\xaf\x8f\xe4\xb8\x80\xe5\xa4\xa9\xe9\x83\xbd
<class 'str'>
每一天都有好心情
<class 'bytes'>
GBK 字节数组长度： 24
b'\xc3\xbf\xd2\xbb\xcc\xec\xb6\xbc\xd3\xd0\xba\xc3
<class 'str'>
每一天都有好心情
```

图 9-14 Python 3 编码

2. 二进制文件

计算机文件基本上分为两种：二进制文件和 ASCII 文件（也称纯文本文件）。图形文件及文字处理等计算机程序属于二进制文件，这些文件含有特殊的格式及计算机代码。ASCII 文件是可以用任何文字处理程序阅读的简单文本文件。

（1）二进制文件的优势。

- 二进制文件存储节约空间，如存储数据 3.1415927，文本文件需要 9 个字节，即分别存储 3.1415927 这 9 个 ASCII 值，而二进制文件只需要 4 个字节（DB 0F 49 40）即可。
- 内存中参加计算的数据都是采用二进制无格式存储，因此使用二进制存储文件更快捷。如果存储为文本文件，则需要一个转换的过程。在数据量很大的时候，两者就会有明显的速度差别了。
- 一些精确的数据使用二进制存储不会造成有效位的丢失。

（2）二进制应用。

示例：将 D: 盘根目录下的图片文件 python.jpg 复制并重命名为 python-copy.jpg，如下：

```
with open("D:\\python.jpg",mode="rb")as myself:
    with open("D:\\python-copy.jpg",mode="wb")as myself_copy:
        readSize=1024
        readContent=myself.read(readSize)
        myself_copy.write(readContent)
        while len(readContent)>0:
            print(readContent)
            readContent = myself.read(readSize)
            myself_copy.write(readContent)
```

运行结果如图 9-15 和图 9-16 所示。

```
b'\xff\xd8\xff\xe0\x00\x10JFIF\x00\x01\x01\x01\x0(
b'\x80\n(\xa2\x80\n(\xa2\x80\n\xce\xf1$\xa6\x0f\x(
b'\xfdEhW1e7\x93w\x1b\xf6\xce\x0f\xd0\xd70_g\x93b'
b'\x92My&\xb1\xf1KQ\xd5\xb5\x13\xa7x#Mk\x89\x0eq<'
b'(\xa2\x800<}\xff\x00"V\xb9\xff\x00^r\x7f\xe8&\xl
b'\xa1\x81\xf2\xcf\x8f|?o\xe1\xaf\x13\r2\xd2YfE\x8
b'\x0e!\x89\xdb\xdc\x0e?:\xdc\x1dkf\x0f\xf5+\xf4\:
```

图 9-15　二进制信息打印

图 9-16　复制图片 python-copy.jpg 的显示效果

任务实施

从键盘输入一个十进制整数 n，利用 Python 将其转换为二进制并输出。当用户输入一个负整数时提示“请输入一个非负整数！”。

任务分析：

①若 n 是偶数，则二进制数末尾数字是 0；若 n 是奇数，则二进制数末尾数字是 1。

②如果 n 的二进制数可以表示为 bk … b2 b1 b0，如果 n 是偶数，那么 n/2 的二进制数可以表示为 bk … b2 b1；如果 n 是奇数，那么 (n-1)/2 的二进制数可以表示为 bk … b2 b1。

在 PyCharm 中新建一个 Python 文件并命名为 DecimalToBinary，在此文件中编写 Python 代码，如下：

```
def dec_to_bin(n):
  if n < 0:
    print(" 请输入一个非负整数 ")
  else:
    suffix = ""
    while n > 0:
      suffix = str(n % 2) + suffix
      n = n // 2
    if suffix == "":
      suffix = "0"
    return suffix
```

情况一：用户输入十进制负整数。

```
dec_to_bin(-1)
```

运行结果如图 9-17 所示。

请输入一个非负整数

图 9-17　输入负整数提示信息

情况二：用户输入十进制正整数。

```
print(dec_to_bin(0))
print(dec_to_bin(1))
print(dec_to_bin(2))
print(dec_to_bin(3))
print(dec_to_bin(4))
print(dec_to_bin(5))
```

运行结果如图 9-18 所示。

```
0
1
10
11
100
101
```

图 9-18　十进制转化为二进制

任务实训

【实训内容】

编写一个 while 循环，提示用户输入名字。用户输入名字后，将用户姓名记录添加到 D: 盘根目录下的 user.txt 文件中，确保每条记录独占一行。若输入 "quit"，则退出循环。

【实训目的】

1．掌握 while 循环的使用方法。

2．掌握文件的写入操作。

3．掌握循环的退出操作。

【实训步骤】

1．启动 PyCharm，创建新的 Python 文件，命名为 AddUser。

2．在 AddUser.py 文件中定义文件内容写入路径。

3．使用 while 语句循环输入。

4．使用 input() 函数接收输入的值。

5．使用 write() 函数写入数据到文件中。

6．通过按组合键 Shift+F10 或者右击选中文件名，在弹出的快捷菜单中选择 Run 'StudentScore' 运行程序，查看运行结果是否和预想的一致。

单元小结

本单元主要讲解 Python 文件操作，包括如何进行文件数据的读取和写入。操作文件一般包含 3 个步骤：打开文件、读写文件、关闭文件。通过 open() 方法打开文件，read() 方法读取文件，write() 方法写入文件。针对不同的业务场景可以采用多种文件访问模式，使用正确的编码可以保证文件内容的正确性，以便对图片、视频、音频等二进制文件进行操作。

思考与练习

一、单选题

1. 打开一个已有文件，然后在文件末尾添加信息，正确的打开方式为（　　）。

A. 'r'　　B. 'w'

C. 'a'　　D. 'w+'

2. 假设文件不存在，如果使用 open 方法打开文件会报错，那么该文件的打开方式是（　　）。

A. 'r'　　B. 'w'

C. 'a'　　D. 'w+'

3. 假设 file 是文本文件对象，下列选项中（　　）用于读取一行内容。

A. file.read()　　B. file.read(200)

C. file.readline()　　D. file.readlines()

4. 下列方法中，用于向文件中写入内容的是（　　）。

A. open　　B. write

C. close　　D. read

5. 下列方法中，用于获取当前目录的是（　　）。

A. open　　B. write

C. getcwd　　D. read

二、填空题

1. 打开文件对文件进行读写，操作完成后应该调用 ________ 方法关闭文件，以释放资源。

2. 使用 readlines 方法把整个文件中的内容进行一次性读取，返回的是一个 ________。

3．os 模块中的 mkdir 方法用于创建 ________。

三、简答题

1．二进制文件与文本文件有哪些区别？

2．解释 open(f_name,'r',encoding="utf-8") 中 3 个参数的作用。

四、编程题

现有一个文本文件，文件内容全部为英文，编写程序读取其内容并将其中的大写字母变为小写字母，小写字母变为大写字母。

单元 10　项目综合实训

单元导读

在学习了 Python 的相关知识和编程技巧后，本单元以网页爬虫和数据可视化项目进行综合实训。项目利用爬虫技术爬取网页中的有效信息，解决数据采集难题；同时通过对积累的大量数据进行分析来提高数据自身价值，帮助我们了解事物的发展动态。

教学目标

- 掌握网页信息爬取方法。
- 掌握网页图片爬取方法。
- 掌握数据分析方法。
- 掌握数据可视化方法。

任务 1　爬虫项目实战

在大数据架构中，数据收集与数据存储占据了极其重要的地位，可以说是大数据的核心基础，爬虫技术在这两大核心技术层次中占有很大比例。

任务描述

利用 Requests 库爬取豆瓣电视剧的数据，记录其相关信息并保存到本地磁盘中。

知识准备

1. 爬虫概述

（1）爬虫定义。

网络爬虫（Web Spider）又被称为网络蜘蛛，是一种按照一定的规则自动地抓取网站信息的程序或者脚本。

网络蜘蛛是一个很形象的名字，如果把互联网比喻成蜘蛛网，那么爬虫就是在网上爬来爬去的蜘蛛。网络蜘蛛是通过网页的链接地址来寻找网页的，从网站某一个页面开始读取网页的内容，找到网页中的其他链接地址，然后通过这些链接地址寻找下一个网页，这样一直循环下去，直到把这个网站所有的网页都抓取完为止，如图 10-1 所示。

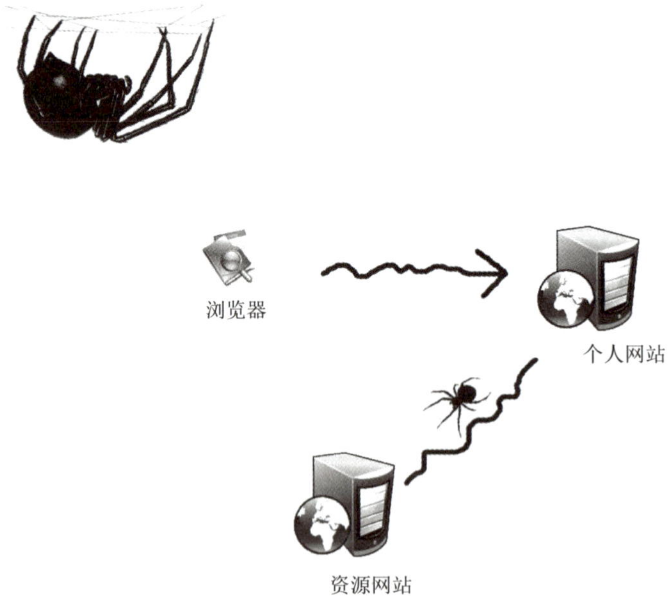

图 10-1　网络蜘蛛

（2）爬虫类型。

根据使用场景，网络爬虫可分为通用网络爬虫和聚焦网络爬虫两种。

1）通用网络爬虫。通用网络爬虫是搜索引擎抓取系统（如 Baidu、Google、Yahoo 等）的重要组成部分，主要目的是将互联网上的网页下载到本地形成一个互联网内容的镜像备份。

通用网络爬虫工作流程如图 10-2 所示。

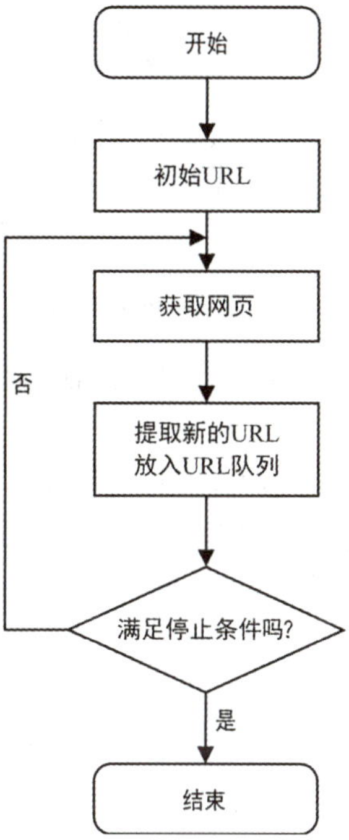

图 10-2　通用网络爬虫工作流程图

通用网络爬虫从互联网中搜集网页并采集信息，这些网页信息为搜索引擎建立索引提供支持，它决定着整个引擎系统的内容是否丰富、信息是否及时，因此其性能的优劣直接影响着搜索引擎效果的好坏。

搜索引擎网络爬虫的基本工作流程如下：

①选取一部分的种子 URL，将这些 URL 放入待抓取的 URL 队列中。

②取出待抓取的 URL，解析 DNS 得到主机的 IP，并将 URL 对应的网页下载下来存储到已下载的网页库中，再将这些 URL 放进已抓取的 URL 队列中。

③分析已抓取 URL 队列中的 URL，分析其中的其他 URL，并将 URL 放入待抓取的 URL 队列中，从而进入下一个循环。

搜索引擎网络爬虫的基本工作流程如图 10-3 所示。

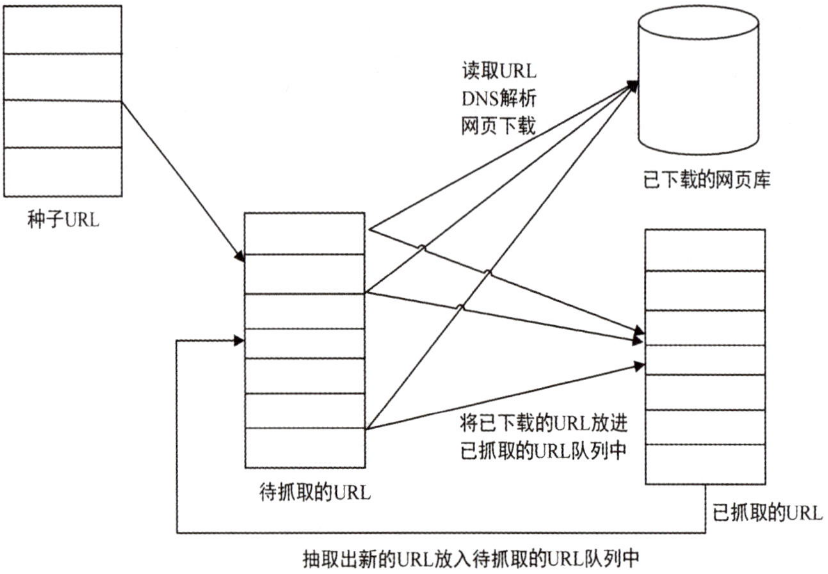

图 10-3　搜索引擎网络爬虫的基本工作流程

2）聚焦网络爬虫。聚焦网络爬虫是“面向特定主题需求”的一种网络爬虫程序，它与通用的搜索引擎网络爬虫有所区别，聚焦网络爬虫在实施网页抓取时会对内容进行筛选处理，尽量保证只抓取与需求相关的网页信息。

2. 爬虫库

Python 属于“胶水”语言，可扩展性强。由于其本身拥有许多第三方库，用户不用主动去实现相应功能，爬虫库为我们爬取数据提供了方便。

（1）Requests 库。

Requests 库是由 Kenneth Reitz 编写的一个优雅易用的 HTTP 库。Requests 底层基于 Python 官方库 urllib，但 Requests 良好的 API 设计更适合用户使用。

Requests 最核心的两个类一个是 request（对 HTTP 请求的封装），另一个是 response（对 HTTP 返回结果的封装）。

简单来说，一次 HTTP 请求其实就是：

①构造 request 类。

②通过 urllib 发送 HTTP 请求。

③等待服务器响应并获取服务器响应结果。

④解析响应结果并构造 response 类。

综上，理解 request 和 response 类对掌握 Requests 库和学习 HTTP 协议有很大帮助。

爬虫库安装：我的秘密武器

（2）Requests 库的安装。

① pip 命令安装 Requests 模块。

在 Windows 命令窗口中运行 cmd 命令，打开命令行窗口，如图 10-4 所示。

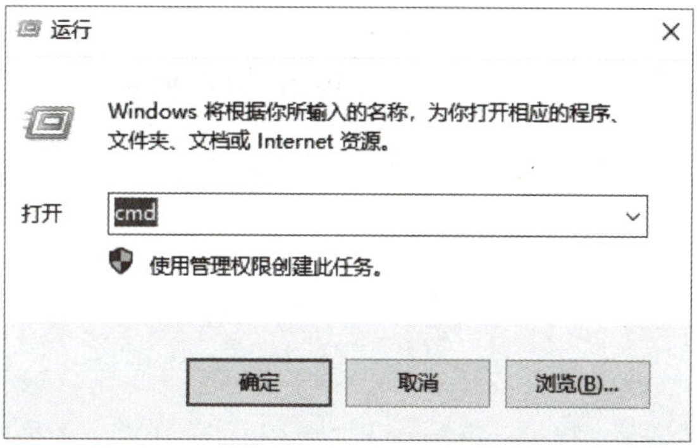

图 10-4　Windows 命令行窗口

在窗口中输入 Python 命令，获取到 Python 的版本信息，输入 pip install requests 命令安装 Requests 模块，如图 10-5 所示。

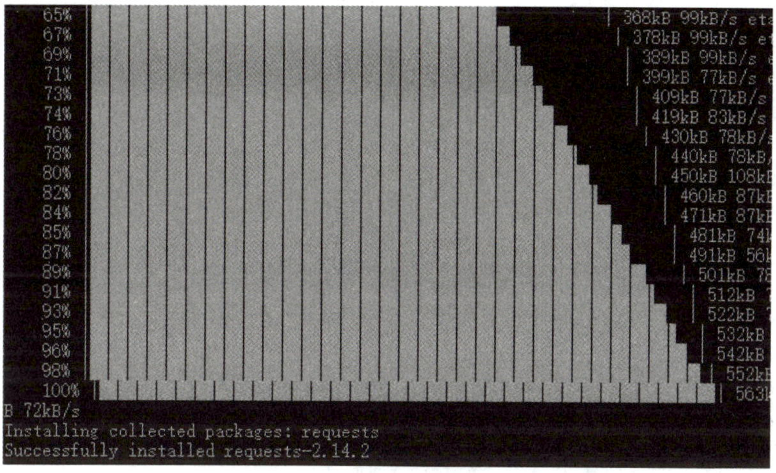

图 10-5　Requests 模块的安装过程

使用编辑器，输入 import requests 查看其是否安装成功，如安装成功，显示提示内容，如图 10-6 所示。

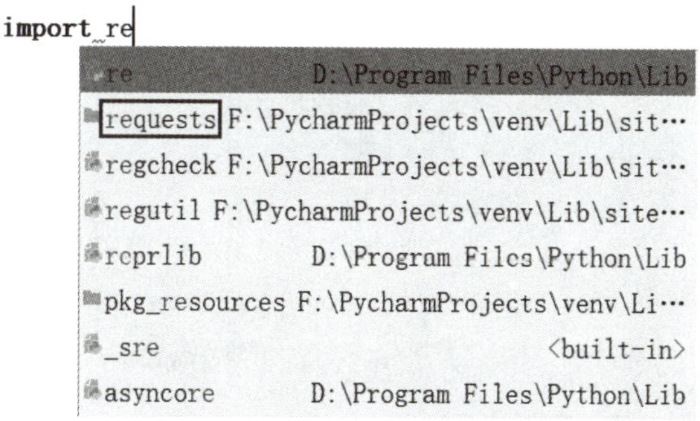

图 10-6　Requests 提示信息

②使用 PyCharm 安装第三方库，如 Requests。

打开 PyCharm，单击 File → Settings → Project Interpreter 命令，打开 Project Interpreter 界面，如图 10-7 所示。

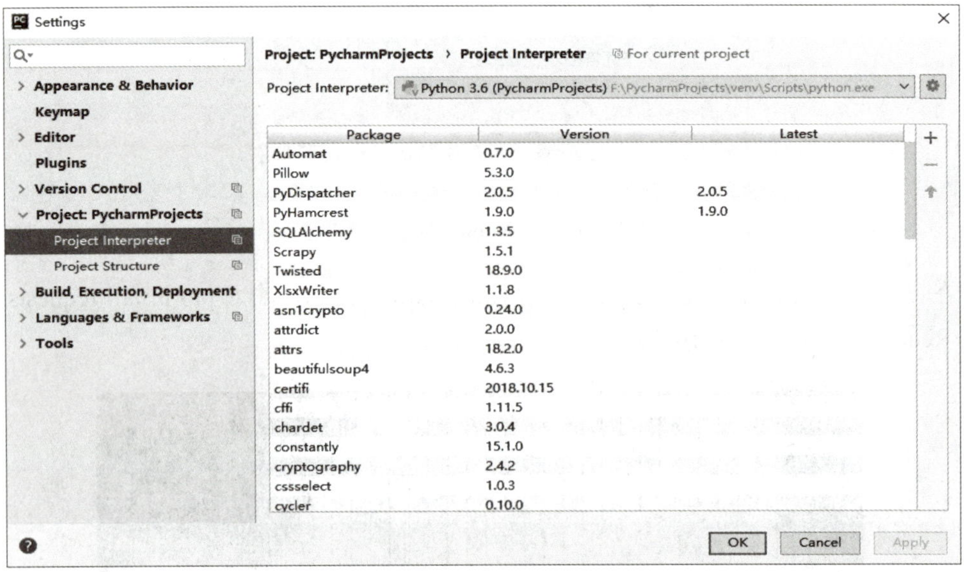

图 10-7 Project Interpreter 界面

单击 + 号，输入 requests，单击 Install Package 按钮开始安装，如图 10-8 所示。

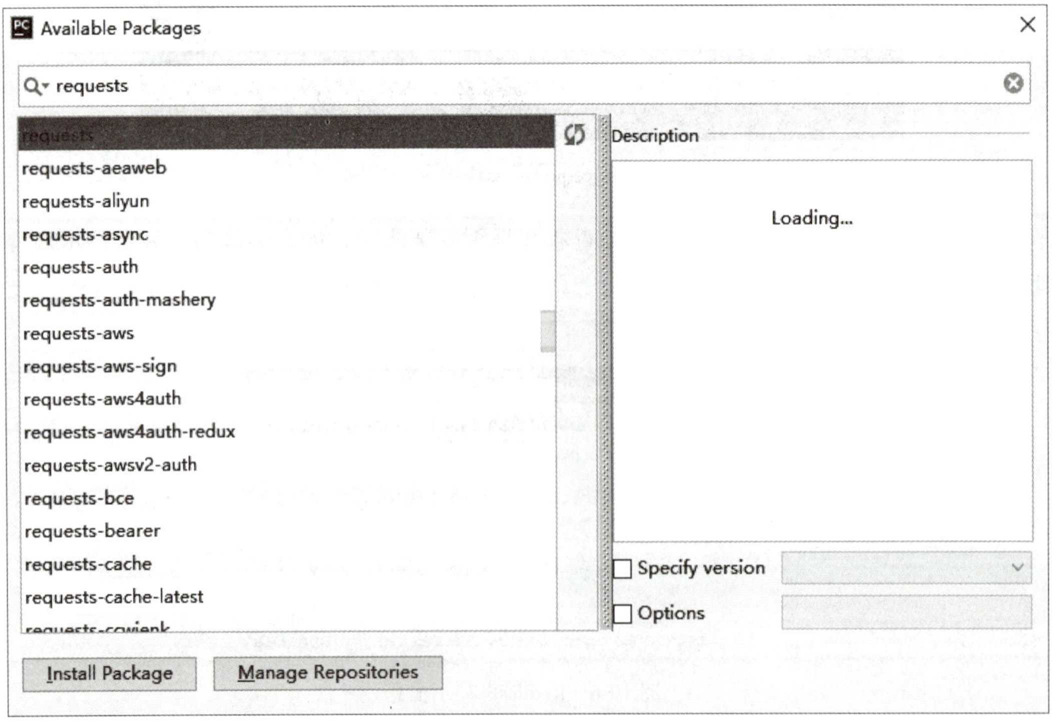

图 10-8 Requests 库的安装

成功安装 Requests 库后，接下来可以通过简单的例子来了解 Requests 库的用法。

示例 1：爬取京东单个商品信息并将其打印到控制台上，如下：

```
import requests
url = 'https://item.jd.com/26809739632.html'
try:
    r = requests.get(url)
    r.raise_for_status()
    r.encoding = r.apparent_encoding
    print((r.text[:1000]))
except:
    print(' 爬取失败！ ')
```

爬虫实战：
集百家之所长

运行结果如图 10-9 所示。

```
<!DOCTYPE HTML>
<html lang="zh-CN">
<head>
    <!-- shouji -->
    <meta http-equiv="Content-Type" content="text/html; charset=gbk" />
    <title>莎视近视太阳镜墨镜男偏光驾驶镜飞行员蛤蟆镜变色日夜两用眼镜可配រ
    <meta name="keywords" content="莎视近视太阳镜墨镜男偏光驾驶镜飞行员蛤蟆
    <meta name="description" content="莎视近视太阳镜墨镜男偏光驾驶镜飞行员
    <meta name="format-detection" content="telephone=no">
    <meta http-equiv="mobile-agent" content="format=xhtml; url=//item.m.jd
    <meta http-equiv="mobile-agent" content="format=html5; url=//item.m.jd
    <meta http-equiv="X-UA-Compatible" content="IE=Edge">
    <link rel="canonical" href="//item.jd.com/26809739632.html"/>
```

图 10-9　京东商城单个商品信息的爬取

示例 2：爬取“昵图网”摄影图库中自然景观第一页图片的数据，并将图片保存在 D: 盘的 pic 文件夹下，如下：

```
import requests
import re

# 第一个爬取的网址
url = 'http://www.nipic.com/photo/jingguan/ziran/index.html'
# 获取网页源代码
data = requests.get(url).text
# 图片正则表达式
regex = r'data-src="(.*?.jpg)"'
# re 是一个列表
pa = re.compile(regex)        # 创建一个 pa 模板，使其符合匹配的网址
ma = re.findall(pa, data)     # 找到 data 中所有符合 pa 的对象添加到 re 中并返回
# 将 ma 中图片的网址依次提取出来
i = 0
for image in ma:
```

```
    i += 1
    image = requests.get(image).content
    print(str(i) + '.jpg 正在保存 ......')
    with open('d:/pic/' + str(i) + '.jpg', 'wb') as f:      # 注意打开的是 jpg 文件
        f.write(image)
print(' 保存完毕 ')
```

运行结果如图 10-10 和图 10-11 所示。

```
22.jpg 正在保存......
23.jpg 正在保存......
24.jpg 正在保存......
25.jpg 正在保存......
26.jpg 正在保存......
27.jpg 正在保存......
28.jpg 正在保存......
29.jpg 正在保存......
30.jpg 正在保存......
保存完毕
```

图 10-10　控制台打印信息

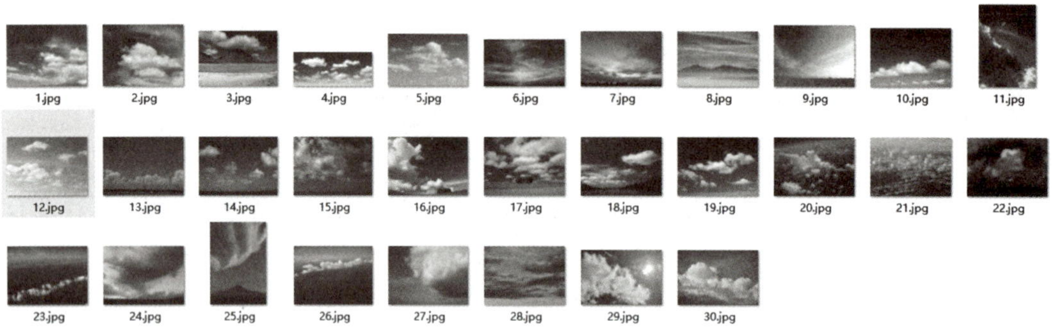

图 10-11　下载图片信息

任务实施

爬取豆瓣的电视剧数据，包含豆瓣评分、电视剧名称、电视剧封面、数据 ID、是否新上架、封面图片坐标、是否在播等信息，并将详细信息保存到 D: 盘的 douban.txt 文件中。

分析：我们需要找到豆瓣电视剧的网址，查看其网页布局，通过标签对获取数据的元素进行定位，利用 requests 库进行数据抓取，通过文件写操作将抓取的数据保存在文本文件中。

在 PyCharm 中，新建一个 Python 文件并命名为 DoubanSpider，在此文件中编写 Python 代码，如下：

```
import json
import requests

""" 爬取豆瓣热门国产电视剧的数据并保存到本地 """
class DoubanSpider(object):
 def __init__(self):
  self.url_temp = 'https://movie.douban.com/j/search_subjects?type=tv&
tag=%E5%9B%BD%E4%BA%A7%E5%89%A7&sort=recommend&page_limit=20&page_start={}'
  self.headers = {
   'User-Agent': 'Mozilla/5.0 (Windows NT 10.0; Win64; x64) AppleWebKit/537.36 (KHTML, like Gecko)
Chrome/75.0.3770.100 Safari/537.36',
  }
 def pass_url(self, url):    # 发送请求，获取响应
  print(url)
  response = requests.get(url, headers=self.headers)
  return response.content.decode()

 def get_content_list(self, json_str):    # 提取数据
  dict_ret = json.loads(json_str)
  content_list = dict_ret['subjects']
  return content_list

 def save_content_list(self, content_list):    # 保存
  with open('d:\\douban.txt', 'a', encoding='utf-8') as f:
   for content in content_list:
    f.write(json.dumps(content, ensure_ascii=False))     # 一部电视剧的信息一行
    f.write('\n')   # 写入换行符进行换行
  print(' 保存成功！ ')

 def run(self):    # 实现主要逻辑
  num = 0
  while True:
   # 1. start_url
   url = self.url_temp.format(num)
   # 2. 发送请求，获取响应
   json_str = self.pass_url(url)
   # 3. 提取数据
   content_list = self.get_content_list(json_str)
   # 4. 保存
   self.save_content_list(content_list)
   if len(content_list) < 20:
    break
   # 5. 构造下一页 URL 地址，进入循环
   num += 20    # 每一页有 20 条数据

if __name__ == '__main__':
 douban_spider = DoubanSpider()
```

```
douban_spider.run()
```

运行结果如图 10-12 和图 10-13 所示。

```
https://movie.douban.com/j/search_subjects?type=tv&tag=
保存成功!
https://movie.douban.com/j/search_subjects?type=tv&tag=
保存成功!
https://movie.douban.com/j/search_subjects?type=tv&tag=
保存成功!
https://movie.douban.com/j/search_subjects?type=tv&tag=
保存成功!
https://movie.douban.com/j/search_subjects?type=tv&tag=
保存成功!
```

图 10-12　控制台打印信息

```
{"rate": "7.8", "cover_x": 3000, "title": "陈情令", "url": "https://movie.douban.com/subject/27195020/", "playabl
{"rate": "8.5", "cover_x": 3500, "title": "长安十二时辰", "url": "https://movie.douban.com/subject/26849758/", "p
{"rate": "8.8", "cover_x": 480, "title": "汉化日记", "url": "https://movie.douban.com/subject/30409804/", "playab
{"rate": "6.2", "cover_x": 1080, "title": "天雷一部之春花秋月", "url": "https://movie.douban.com/subject/30258233
{"rate": "6.8", "cover_x": 3543, "title": "奋斗吧，少年！", "url": "https://movie.douban.com/subject/27145057/",
{"rate": "8.1", "cover_x": 3000, "title": "小欢喜", "url": "https://movie.douban.com/subject/26946624/", "playabl
{"rate": "7.4", "cover_x": 8291, "title": "宸汐缘", "url": "https://movie.douban.com/subject/30230682/", "playabl
{"rate": "7.7", "cover_x": 900, "title": "加油，你是最棒的", "url": "https://movie.douban.com/subject/30337138/",
{"rate": "7.0", "cover_x": 500, "title": "全职高手", "url": "https://movie.douban.com/subject/26660368/", "playab
{"rate": "6.5", "cover_x": 5906, "title": "亲爱的，热爱的", "url": "https://movie.douban.com/subject/26794191/",
{"rate": "9.3", "cover_x": 770, "title": "魔道祖师 第二季", "url": "https://movie.douban.com/subject/30345939/",
{"rate": "6.7", "cover_x": 2000, "title": "九州缥缈录", "url": "https://movie.douban.com/subject/26738112/", "pla
{"rate": "8.2", "cover_x": 6732, "title": "大宋少年志", "url": "https://movie.douban.com/subject/30170894/", "pla
{"rate": "8.9", "cover_x": 2464, "title": "魔道祖师", "url": "https://movie.douban.com/subject/27015848/", "playa
{"rate": "6.3", "cover_x": 1080, "title": "无主之城", "url": "https://movie.douban.com/subject/30191989/", "playa
{"rate": "8.2", "cover_x": 802, "title": "河神", "url": "https://movie.douban.com/subject/26776350/", "playable":
{"rate": "8.4", "cover_x": 690, "title": "极限青春", "url": "https://movie.douban.com/subject/32496917/", "playab
{"rate": "7.7", "cover_x": 2868, "title": "香蜜沉沉烬如霜", "url": "https://movie.douban.com/subject/26920281/",
{"rate": "9.3", "cover_x": 1000, "title": "琅琊榜", "url": "https://movie.douban.com/subject/25754848/", "playabl
{"rate": "7.2", "cover_x": 2000, "title": "陪你到世界之巅", "url": "https://movie.douban.com/subject/27068601/",
{"rate": "9.0", "cover_x": 1200, "title": "白夜追凶", "url": "https://movie.douban.com/subject/26883064/", "playa
{"rate": "6.6", "cover_x": 1432, "title": "少年派", "url": "https://movie.douban.com/subject/27598254/", "playabl
{"rate": "8.1", "cover_x": 2126, "title": "天盛长歌", "url": "https://movie.douban.com/subject/26761328/", "playa
{"rate": "9.5", "cover_x": 1080, "title": "武林外传", "url": "https://movie.douban.com/subject/3882715/", "playab
```

图 10-13　豆瓣电视剧信息

任务实训

【实训内容】

抓取猫眼电影中 TOP100 的电影名称、时间、评分、图片等信息，提取的站点 URL 为 http://maoyan.com/board/4，提取的结果以文本文件形式保存下来，放在 D: 盘根目录下。

【实训目的】

1．掌握 Requests 爬虫库。

2．掌握 re、json、time 基础库的使用。

3．掌握网页内容的解析方法。

4．掌握文件的写入方法。

【实训步骤】

1．启动 PyCharm，创建新的 Python 文件。

2. 在 Python 文件中导入相关库。

3. 定义单页数据的抓取方法。

4. 定义数据的分析方法。

5. 使用 write() 函数将抓取的数据写入到文本文件中。

6. 通过按组合键 Shift+F10 或者右击文件名，在弹出的快捷菜单中选择 Run 试运行程序，查看运行结果是否和预想的一致。

任务 2　数据可视化实战

数据科学家并不逊色于艺术家，他们用数据可视化的方式绘画，试图展现数据内隐藏的模式或表达对数据的见解。更有趣的是，一旦接触到任何可视化的内容和数据时，人类会有更强烈的知觉、认知和交流。

数据可视化是数据科学家工作中的重要组成部分。在项目的早期阶段，通常会进行探索性数据分析（Exploratory Data Analysis，EDA），以获取对数据的一些理解。创建可视化方法确实有助于使事情变得更加清晰易懂，特别是对于大型、高维数据集。在项目结束时，以清晰、简洁和引人注目的方式展现最终结果是非常重要的，因为受众往往是非技术型客户，只有这样他们才可以理解。

任务描述

某商场抽奖，抽奖的要求及相关信息如下：

（1）宣传说“平均每 100 人就能有 1 人抽中一等奖”。

（2）中奖率由店家调整为 1%。

（3）每天的客人超过 100 人，一周总共有超过 700 人参与抽奖。

（4）一周内开出的一等奖次数为 5 次。

根据上述描述，分析一周内开出 5 次一等奖是否有诈。

知识准备

1. Python 扩展库

Python 社区提供了大量的第三方模块，使用方式与标准库类似。它们的功能覆盖科学计算、Web 开发、数据库接口、图形系统等多个领域。第三方模块可以使用 Python 或者 C 语言编写，Python 常被比作其他语言与工具之间的“胶水”语言。Python 常见的数据处理相关扩展库如表 10-1 所示。

表 10-1　Python 常见的数据处理扩展库

扩展库	说明
NumPy	提供数组支持以及相应的高效处理函数
Scipy	提供矩阵支持以及矩阵相关的数值计算模块
Matplotlib	数据可视化工具
Pandas	数据分析和探索工具
StatsModels	统计建模和计量经济学
Scikit-Learn	支持回归、分类、聚类等机器学习库
Keras	基于 Theano 的深度学习库，用于建立神经网络以及深度学习模型
Gensim	用来作文本主题模型的库，完成文本挖掘、处理语言方面的任务

（1）NumPy。

NumPy（Numerical Python）是 Python 语言的一个扩展程序库，支持大量的维度数组与矩阵运算，此外也针对数组运算提供大量的数学函数库。

NumPy 是一个运行速度非常快的数学库，主要用于数组计算，包含以下功能：

- 一个强大的 N 维数组对象 ndarray。
- 广播功能函数。
- 整合 C/C++/Fortran 代码的工具。
- 线性代数、傅里叶变换、随机数生成等。

NumPy 在 PyCharm 中的安装步骤与 Requests 库的安装一致，这里不作详细说明。

NumPy 创建简单数组示例如下：

```
import numpy as np
a = [1, 2, 3]
b = np.array(a)
c = np.array([[0, 1, 2, 10],
            [12, 13, 100, 101],
            [102, 110, 112, 113]], int)
print(c)
print(b)
```

运行结果如图 10-14 所示。

```
[[  0   1   2  10]
 [ 12  13 100 101]
 [102 110 112 113]]
[1 2 3]
```

图 10-14　创建数组

利用 NumPy 创建给定均值、标准差、维度的正态分布，示例如下：

```
import numpy as np
# 正态生成 4 行 5 列的二维数组
array_normal = np.random.normal(loc=1.75, scale=0.1, size=[4, 5])
print(array_normal)
```

运行结果如图 10-15 所示。

```
[[1.86826849 1.86097234 1.75100388 1.84804304 1.77344447]
 [1.92379255 1.77159173 1.797294   1.75527396 1.65444423]
 [1.71405888 1.63970664 1.72024431 1.76390557 1.45394451]
 [1.68793514 1.78820987 1.78899079 1.70059541 1.75603441]]
```

图 10-15　正态分布数值

（2）Pandas。

Pandas 是一个强大的分析结构化数据的工具集，它的使用基础是 NumPy（提供高性能的矩阵运算），用于数据挖掘和数据分析，同时也提供数据清洗等功能。

1）Pandas 创建数据示例如下：

```
import numpy as np
import pandas as pd
df_1 = pd.DataFrame({'total_bill': [16.99, 10.34, 23.68, 23.68, 24.59], 'tip': [1.01, 1.66, 3.50, 3.31, 3.61],
'sex': ['Female', 'Male', 'Male', 'Male', 'Female']})
print(df_1)
```

运行结果如图 10-16 所示。

```
   total_bill  tip     sex
0       16.99  1.01  Female
1       10.34  1.66    Male
2       23.68  3.50    Male
3       23.68  3.31    Male
4       24.59  3.61  Female
```

图 10-16　Pandas 数据构建

2）Pandas 操作 Excel 表单，读取 Excel 表单数据，如表 10-2 所示。

表 10-2　学生信息表

学号	姓名	年龄
NO0001	张三	18
NO0002	李四	19
NO0003	王五	20
NO0004	赵六	21
NO0005	洪七	22

示例如下：

```
import pandas as pd
df=pd.read_excel('d:\\data.xls')    # 默认读取 Excel 第一个表单
data=df.head()                                      # 默认读取前 5 行数据
print(" 获取到所有的值 :\n{0}".format(data))          # 格式化输出
```

运行结果如图 10-17 所示。

```
获取到所有的值:
        学号    姓名    年龄
0   N00001    张三    18
1   N00002    李四    19
2   N00003    王五    20
3   N00004    赵六    21
4   N00005    洪七    22
```

图 10-17　读取 Excle 数据

（3）Matplotlib。

Matplotlib 是一个 Python 2D 绘图库，可以生成各种硬拷贝格式图形，或者在跨平台交互式环境生成出版质量级别的图形。Matplotlib 可用于 Python 脚本，IPython shell，Web 应用程序和用户图形界面工具包。

在 Matplotlib 中只需几行代码即可生成图形、直方图、功率谱、条形图、误差图、散点图等，效果如图 10-18 所示。

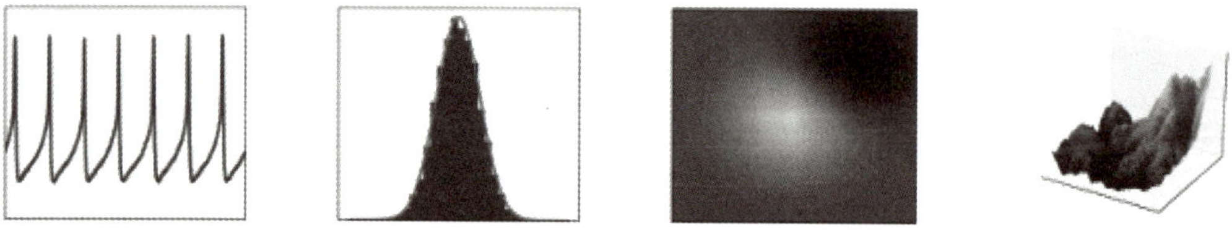

图 10-18　绘图类型

1）拉弧测试。示例如下：

```
import matplotlib.pyplot as plt
import numpy as np
def f(t):
    'A damped exponential'
    s1 = np.cos(2 * np.pi * t)
    e1 = np.exp(-t)
    return s1 * e1

t1 = np.arange(0.0, 5.0, .2)
l = plt.plot(t1, f(t1), 'ro')
```

```
plt.setp(l, markersize=30)
plt.setp(l, markerfacecolor='C0')
plt.show()
```

运行结果如图 10-19 所示。

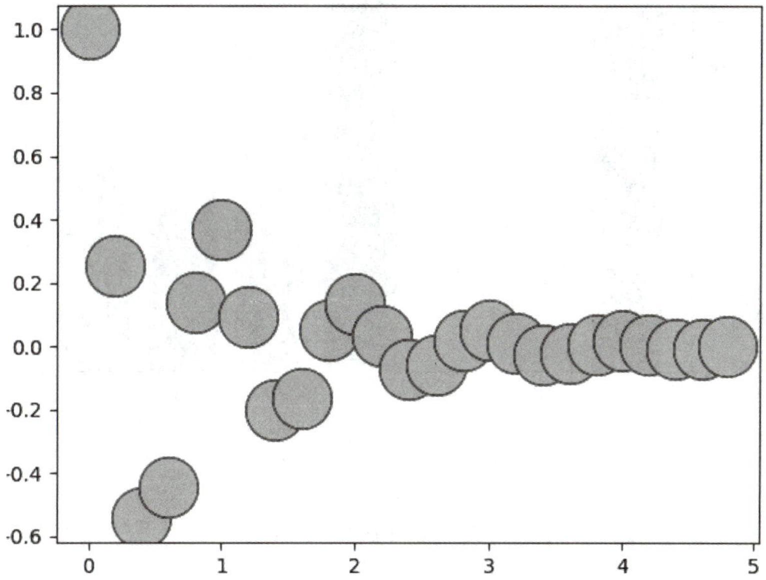

图 10-19 拉弧测试

2）水平条形图。示例如下：

```
from matplotlib import pyplot as plt
x = [5,8,10]
y = [12,16,6]
x2 = [6,9,11]
y2 = [6,15,7]
plt.bar(x, y, align = 'center')
plt.bar(x2, y2, color = 'g', align = 'center')
plt.title('Bar graph')
plt.ylabel('Y axis')
plt.xlabel('X axis')
plt.show()
```

运行结果如图 10-20 所示。

2. 数据可视化

随着信息量的爆炸式增长，需要处理的数据越来越多。能够发现数据、清洗数据，并使用正确的工具实现可视化则至关重要。

数据可视化是数据分析重要的组成部分，它能帮助我们更好地从繁杂的数据中直观有效地获取信息。

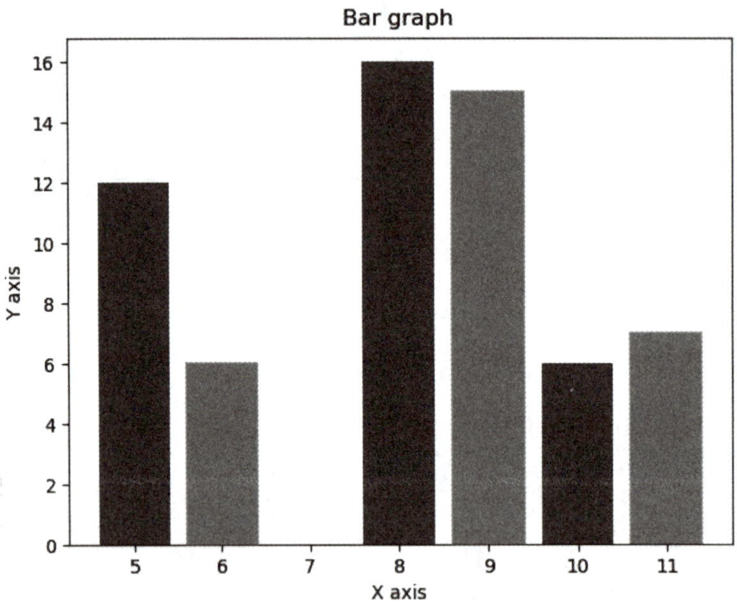

图 10-20　水平条形图

现对失信用户的受教育程度进行统计，利用 Matplotlib 绘制百分占比饼图，数据如表 10-3 所示。

表 10-3　失信用户的受教育程度数据

学历	中专	大专	本科	研究生	其他
占比	0.2515	0.3724	0.3336	0.0368	0.0057

失信用户的受教育程度分布示例如下：

```
# 饼图的绘制
# 导入第三方模块
import matplotlib
import matplotlib.pyplot as plt

plt.rcParams['font.sans-serif']=['Simhei']
plt.rcParams['axes.unicode_minus']=False
ziti = matplotlib.font_manager.FontProperties(fname='C:\Windows\Fonts\simsun.ttc')

# 构造数据
edu = [0.2515,0.3724,0.3336,0.0368,0.0057]
labels = [' 中专 ',' 大专 ',' 本科 ',' 研究生 ',' 其他 ']
# 绘制饼图
plt.pie(x = edu,          # 绘图数据
labels=labels,            # 添加受教育程度标签
autopct='%.1f%%'          # 设置百分比的格式，这里保留一位小数
)
# 添加图标题
```

```
plt.title(' 失信用户的受教育程度分布 ')
# 显示图形
plt.show()
```

运行结果如图 10-21 所示。

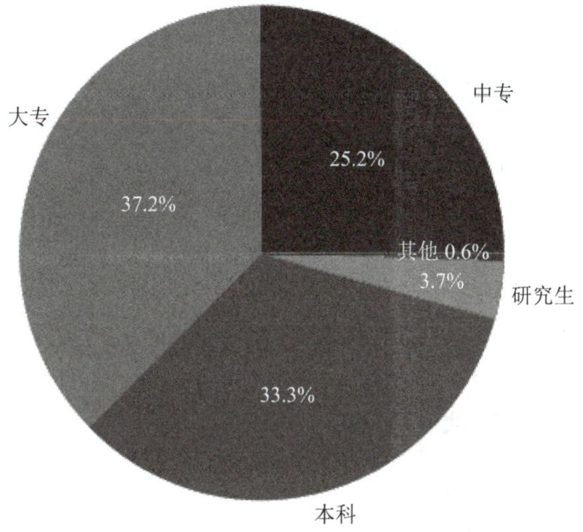

图 10-21　失信用户的受教育程度分布

2017 年部分国家的 GDP 排名如图 10-22 所示，现利用 Matplotlib 绘制条形图展示部分国家的 GDP 数据排名。

排名	国家或地区名称	GDP总量(亿美元)
1	美国	185691
2	中国	112182.8
3	日本	49386.4
4	德国	34666.3

图 10-22　2017 年部分国家的 GDP 排名

2017 年部分国家的 GDP 条形图绘制示例如下：

```
# 导入绘图模块
import matplotlib.pyplot as plt
# 构建数据
GDP = [185691,112182.8,49386.4,34666.3]
# 中文乱码的处理
plt.rcParams['font.sans-serif'] = ['SimHei']
plt.rcParams['axes.unicode_minus'] = False
# 绘图
plt.bar(range(4), GDP, align = 'center',color='steelblue', alpha = 0.8)
```

```
# 添加坐标轴标签
plt.ylabel('GDP')
# 添加标题
plt.title('4 个国家的 GDP 大比拼 ')
# 添加刻度标签
plt.xticks(range(4),[' 美国 ',' 中国 ',' 日本 ',' 德国 '])
# 设置 Y 轴的刻度范围
plt.ylim([5000,200000])
# 为每个条形图添加数值标签
for x,y in enumerate(GDP):
    plt.text(x,y+100,'%s' %round(y,1),ha='center')
# 显示图形
plt.show()
```

运行结果如图 10-23 所示。

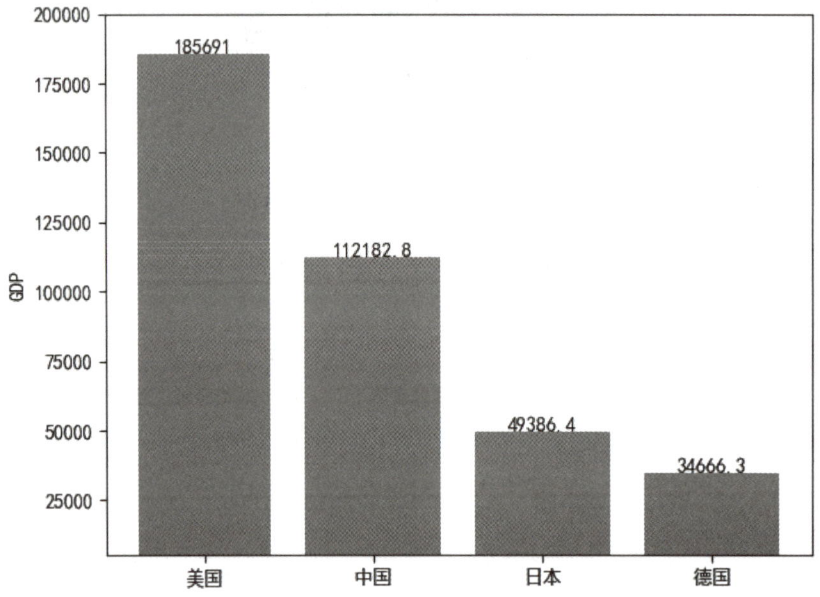

图 10-23　2017 年部分国家的 GDP 条形图

任务实施

模拟 1000 周的抽奖情况，并计算抽中一等奖的次数以及出现 5 次一等奖的周数，画出直方图。横轴表示出现一等奖的次数，纵轴表示周数。

1．宣传说“平均每 100 人就能有 1 人抽中一等奖”。

2．中奖率由店家调整为 1%。

3．每天的客人超过 100 人，一周总共有超过 700 人参与抽奖。

4．一周内开出一等奖的次数为 5 次。

任务分析：

①概率：对于抽奖而言，中奖概率为 1%，但是抽 700 次不一定出现 7 次大奖。

②直方图：图形化的频率分布表。

③数据的分布：如果将数据划分为若干个范围，那么数据在各个范围内的散布情况就称为分布。就大部分数据而言，平均值所在的范围频率最高，与平均值相差越大的范围频率越低。

在 PyCharm 中新建一个 Python 文件并命名为 LotteryProbability，在此文件中编写 Python 代码，如下：

```
import numpy as np
import pandas as pd
import pylab
from collections import Counter
choujiang = pd.Series([" 未中奖 "," 一等奖 "])
cnt = Counter(choujiang.sample(n=100,replace=True,weights=([99,1])))
# 模拟 1000 周的抽奖情况
a = np.zeros(1000)
for i in range(1000):
    for j in range(7):
        a[i] = np.sum(choujiang.sample(n=100,replace=True,weights=([99,1]))==" 一等奖 ")+a[i]
# 画出直方图
pylab.hist(a, bins=18, normed=0,edgecolor='black',facecolor='blue',alpha=0.75)
pylab.show()
np.transpose(Counter(a))
```

运行结果如图 10-24 所示。

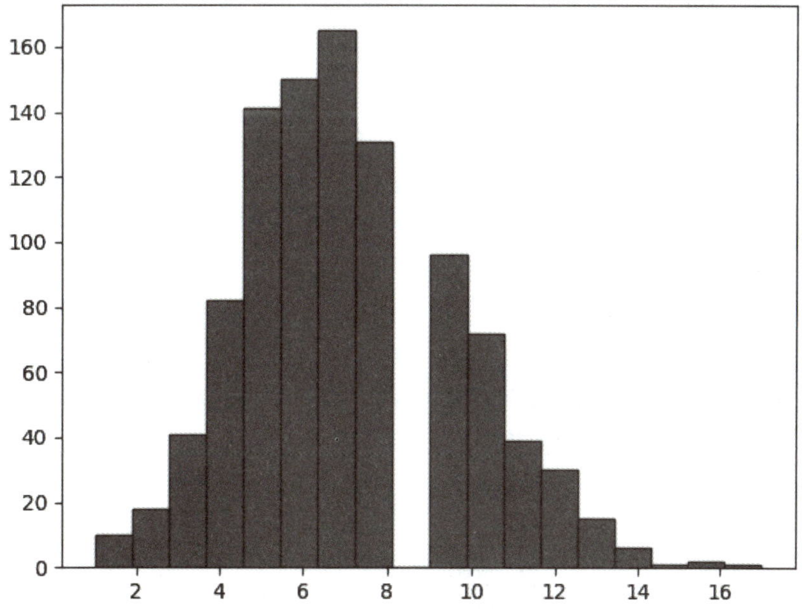

图 10-24　商场抽奖直方图

任务实训

【实训内容】

利用极坐标绘制球员能力图，球员能力数据随机生成，球员能力考核点包括进攻、防守、盘带、速度、体力、射术 6 项，最终效果如图 10-25 所示。

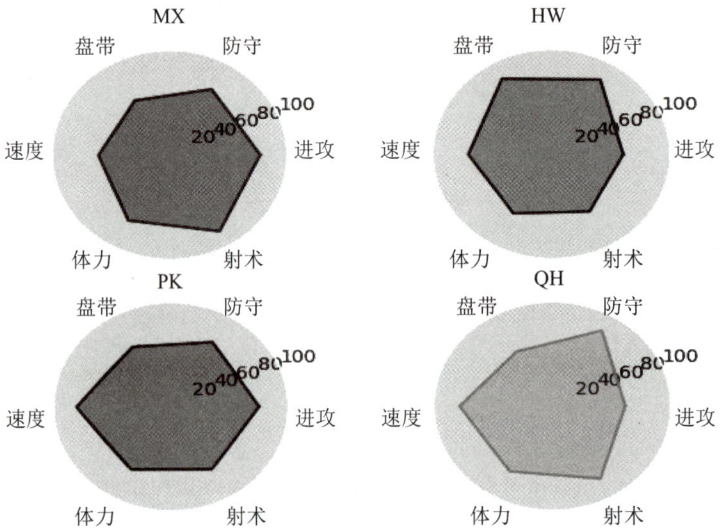

图 10-25　球员能力极坐标图

【实训目的】

1．掌握 NumPy、Matplotlib.pyplot、Matplotlib.font_manager 库文件的使用。

2．具备构造画布能力。

3．具备极坐标绘制能力。

【实训步骤】

1．启动 PyCharm，创建新的 Python 文件，命名为 PlayerAbilityChart。

2．在 PlayerAbilityChart.py 文件中导入 NumPy、Matplotlib 中的 pyplot、font_manager 库。

3．利用变量定义球员能力考核点。

4．使用 pyplot 构建画布。

5．随机生成球员能力数据。

6．绘制极坐标球员能力图。

7．通过按组合键 Shift+F10 或者右击文件名，在弹出的快捷菜单中选择 Run 'StudentScore' 运行程序，查看运行结果是否和预想的一致。

单元小结

本单元详细介绍了网络爬虫的概念、爬虫类型，以及爬虫库 Requests 的使用，还介绍了 Python 扩展程序库，并重点讲解了常用的三大库：NumPy、Pandas、Matplotlib。利用网络爬虫可以将网络数据爬取出来并存储，借助于 Python 可视化库可对数据进行分析，展示统计结果。

思考与练习

电影《无双》上映后，发行商和导演为了了解用户对电影的反馈，现需要爬取猫眼平台的电影影评数据。数据爬取 URL 地址为 http://m.maoyan.com/mmdb/comments/movie/342166.json?_v_=yes&offset=0，筛选出从影片上映日期到当前时间的影评数据，请编程实现。并将其保存在 d:\\comments.csv 文件中，最终部分数据展示效果如图 10-26 所示。

1078586414	洪仔	2	佛山	可以看下一般	3	2019/8/16 8:38
1078600781	zqiuqi007	2	扬州	和对象看的第一	5	2019/8/16 1:57
1078604026	Alone『Alone』	2	中山	太好看了，进城	5	2019/8/16 1:23
1078591127	OIf279721527	2	广州	手法比较独特。	4.5	2019/8/15 23:02
1078592148	QJD871302483	2	东莞	发哥太帅了，一	5	2019/8/15 23:01
1078577373	Bx西西	2	淮安	还好，开头有点	4	2019/8/15 22:34

图 10-26 电影影评信息

参考文献

[1] 李肖俊．Python 语言 [M]. 北京：清华大学出版社，2019.

[2] 崔庆才．Python3 网络爬虫开发实战 [M]．北京：人民邮电出版社，2018.

[3] 杨长兴．Python 程序设计教程 [M]．北京：中国铁道出版社，2016.

[4] Wesley Chun．Python 核心编程 [M]．3 版．孙波翔，等译．北京：人民邮电出版社，2018.

[5] QueryMarsBo．通用爬虫和聚焦爬虫 [M]．https://www.cnblogs.com/yaboya/p/9001059.html，2018.

[6] 机器学习养成记 . 商业街抽奖 . https://mp.weixin.qq.com/s?__biz=MzAwNTIyMDU3NA==&mid=2648492111&idx=1&sn=0ec8c3d962c245dd8d6ddff29d25c44a&chksm=833799feb44010e871c79a9f0da8fcd8049ab94912c245d0332e36541b16b3f65fa2f68f815f#rd，2017.

[7] 花生酱 Scarlett. matplotlib 入门实战全教程 . https://blog.csdn.net/ScarlettYellow/article/details/80458797，2018.

[8] 林建鹏 . matplotlib 实战篇 . https://www.cnblogs.com/linblogs/p/9690433.html，2018.